프랑스 여자의 아침식사는 특별하다

프랑스 여자의
아침식사는 특별하다

안느 게스키에르·마리 드 푸코 지음

이하임 옮김

시크하고 우아한
프랑스 여자들의 뷰티 홈케어

이덴슬리벨

스타니슬라스,

아치볼드,

잔,

엘리,

루이즈,

클레르,

조제프에게

신선한 과일과 채소가 풍부하게 자라는 유기농 밭이 보이는 테라스에 편안하게 앉아 《프랑스 여자들의 뷰티 시크릿My Natural Beauty Book》을 다시 한 번 읽었다. 이 책은 우리가 알아야 할 내용을 '아름다움', '좋은 것', '유기농'이라는 주제를 통해 명확하고 구체적으로 제시하고 있다. 저자들은 아주 작은 행동부터 바꿈으로써 우리가 세상을 바꿀 수 있도록 이끌어준다.

나는 몇 년 전부터 이 책에 나오는 'Tip'이나 '뷰티 레시피', '뷰티 토크' 등에서 얘기하는 것들을 실천하고 있다. 또한, 상담받으러 오는 사람들에게도 기쁜 마음으로 추천하고 있다. 환자들은 먹거리, 화장품, 생활 습관 등을 통해 어떻게 건강을 유지해야 하는지에 대해 점점 더 많이 물어온다. 미용침에 대한 궁금증도 빼놓을 수 없는 대목이다.

이 책은 나 자신을 더 잘 관리하고 싶은 마음이 생기게 해주는 여러 제안들과 함께 우리가 가진 궁금증에 대한 완벽한 해답을 제시해준다.

이제 우리는 환경이 건강에 미치는 영향에 대해 인식하게 되었다. 그러므로 자신의 생활 방식을 자각하고 유기농 화장품과 식품을 선택하는 의식 있는 행동이 필요하다. 또한 자신이 살고 있는 지역의 생산물과 제철 음식을 선택하는 것도 건강하고 행복한 삶을 살아가는 데 있어 중요한 실천사항이다.

일반적인 화장품을 적정량 사용하는 여성들을 대상으로 미국 볼더Boulder에서 연구를 진행한 바 있는데 연구에 따르면 피실험자들의 피부는 매년 2kg의 화학제품을 흡수하고 있는 것으로 나타났다. 롭 교수는 "피부에 사용하는 제품의 60%는 우리 몸에 흡수되기 때문에 음식을 고르듯이 화장품을 선택해야 한다"고 말한다.

저자들은 활력을 주는 식품으로 항산화 작용과 디톡스를 하기 위해 직접 만들어 쓸 수 있는 화장품 레시피도 자세하게 소개하고 있다. 예를 들어 마스크 만들기를 살펴보면 손으로 재료를 반죽하며 색과 맛, 향기가 조화를 이룰 수 있게 함으로써 마사지를 즐길 수 있을 뿐만 아니라 한순간 평온한 자세로 명상도 할 수 있다고 한다.

자, 이제 저자들의 조언을 시도해보고 친구들에게도 알려주자. 간디도 "본보기는 설득을 위한 최선의 방법이 아닌 유일한 방법"이라고 말하지 않았는가.

도미니크 에로Dominique Eraud 박사

(침술, 피토테라피, 영양 전문가)

차례

셀프 뷰티 다섯 번째 노트

그녀들의 화장품: 유기농 화장품 DIY

이 책은 아름다워지고 싶어 하는 모든 여성들이 갖고 있는 크고 작은 문제와 셀프 뷰티에 관한 궁금증에 좋은 답을 주기 위한 내용들로 채우려 노렸했다. 주름, 여드름, 악어가죽 같은 거친 피부, 눈가의 잔주름, 셀룰라이트, 튼 살에 어떻게 대처해야 할까? 환한 얼굴빛, 반짝이는 머릿결, 가는 허리를 가지려면 어떻게 해야 할까? 그 답을 프랑스 여자들의 셀프 뷰티 노하우를 통해 알아보자.

피부는 건강과 감정을 보여주는 거울이다. 일상의 습관과 생활 리듬을 조금만 바꿔도 피부는 물론 신체의 아름다움을 극대화시킬 수 있을 뿐만 아니라 놀라운 효과를 볼 수 있다. 우리는 그 방법을 최대한 친절하고 자세하게 설명하려 노력하였다. 예를 들어 피부와 가장 밀접한 관련이 있는 불면증과 스트레스를 어떻게 관리하고 극복해야 하는지, 건강 유지를 위한 올바른 식습관에 대해 자세하면서도 구체적으로 설명하였다.

꾸미지 않은 듯 시크하고 우아한 당신의 아름다움을 위해 이 책에 소개한 뷰티 관련 정보와, 쉽고 빠른 팁, 천연 재료를 활용한 셀프 뷰티 노하우, 요리와 홈메이드 화장품 레시피를 잘 응용해서 당신의 건강과 아름다움을 회복하길 바란다.

이 책을 집필하는데 뷰티 레시피를 공유해준 우리의 친구이자 약리학 전문가인 실비 암피키앙 Sylvie Hampikian에게 감사를 표한다. 꽤 많은 유용한 팁을 그녀의 저서《유기농 화장품 만들기 Créez vos cosmétiques Bio》에서 찾았다. 우리에게 소중한 조언을 해준 프랑수아즈 카라벨라 Françoise Caravella와 도미니크 에로 박사에게도 고마움을 전하고 싶다.

긍정적인 에너지를 전해준 편집자 마리 알라베나, 그웨나엘 팽방, 쥘리에트 뒤몽, 산드린 나바로에게도 고마움을 표한다.

이 책이 당신에게 아름다움과 건강을 위한 멋진 발견이 되길 바란다.

마리와 안느

이 책을 읽기 전에

에센셜 오일은 한 방울만으로도 아주 강력한 효과가 있기 때문에 자격을 갖춘 전문가의 소견 없이 치료 목적으로 사용해서는 안 된다. 또한 포장에 기재된 사용상의 주의사항을 정확하게 지켜야 한다. 보다 자세한 의학적 정보와 치료는 의사의 도움을 받기 바란다.

- 실수를 하지 않고 같은 질감을 만들 수 있도록 이 책의 레시피에서 제 안하는 재료의 용량을 준수하고 최대한 따르도록 하자.
- 모든 위험을 예방하기 위해 에센셜 오일과 농축 물질(자몽 씨 추출물, 프 로폴리스, 알로에 농축 추출물, 로열젤리 등)의 용량을 정확하게 지켜야 한 다. 이러한 물질에 대해 명시된 용량은 일반적으로 0.5~2%(또는 2티스푼 기준에 1~4방울)이다.
- 몇 방울만 사용하는 일부 트리트먼트 오일과 향을 내기 위한 용도로 사 용하는 에센셜 오일은 절대 3%를 넘어서는 안 된다.
- 5세 이하의 어린이가 있는 가정과 임신 가능성이 있거나 임신한 경우 에센셜 오일이 함유된 제품을 사용해선 안 된다.
- 눈 주변에 사용할 때는 에센셜 오일을 피하거나 0.5% 농도를 넘지 않도 록 한다.
- 다음 규칙을 기억하면 간단하다. 1%는 10mL 기준으로 2방울과 같다(또 는 1티스푼에 1방울).

그녀들의 아름다움:
좋은 습관이 필요해

My Natural
Beauty Book

얼굴과 몸, 머리카락은
우리의 생활 습관을 반영하는 거울이다.
그러므로 아름답고 빛나는 모습을
유지하기 위해서는 생활의 활기를
되찾는 것부터 시작해야 한다.
생활 리듬과 영양의 균형을 바로잡으면
몸이 편안해지는 것도 함께 느끼게 될 것이다.

잠자는 습관을 바꾸면
생활 리듬이 변한다

당신은 늦게 자는 편인가? 늦게 잠자리에 드는 것이 자신에게 맞는 생활 리듬이라고 확신하는가? 늦게 자든 일찍 자든 가장 중요한 것은 규칙적인 생활 리듬을 찾는 것이다. 불규칙한 생활 리듬은 우리 몸을 늘 피곤하게 만든다. 늦게까지 활동하는 올빼미족이라 하더라도 지나치게 늦게 자는 것은 좋지 않다. 물론 밤낮이 바뀐 생활 습관이 자신의 생활 리듬과 맞지 않다면 이제 일찍 잠자리에 드는 습관을 들여 자신에게 맞는 생활 리듬을 찾아야 한다.

TIP 일찍 잠드는 것에 어려움을 겪는다면 잠자리에 들기 전 허브티를 1잔 마시자. 물 1잔에 쥐오줌풀 뿌리를 1스푼 넣고 끓인 후 10분 동안 우려낸다. 향긋한 맛을 위해 약간의 레몬 버베나를 넣어줘도 좋다.

숙면 취하기

자다가 자꾸 깬다면 먼저 깊은 잠을 잘 수 있는 조건을 만들어주어야 한다.

- 오후 6시 이후에는 운동을 삼가고 몸의 긴장을 풀어준다.
- 저녁 식사 때 소화가 잘 안 되는 음식이나 커피, 차, 술과 같이 신경을 자극하는 음식은 되도록 피한다.
- 잠자리에 들기 30분 전에 뜨거운 물 1잔에 패션플라워 1스푼, 카모마일 1스푼을 넣고 10분 동안 우려낸 허브티를 마신다.

불면증에서 벗어나기

뜬눈으로 밤을 지새우거나 잠드는 것에 어려움을 겪고 있다면 깊은 잠을 잘 수 있는 조건을 만들어주어야 한다.

- 오후 3시 이후에는 차나 커피, 과자, 비타민 C 같은 자극적인 음식은 절대 섭취하지 않는다.
- 낮잠을 자지 않는다.
- 운동을 한다. 운동은 깊은 잠을 잘 수 있게 해준다. 단, 규칙적으로 운동하며 너무 늦은 시간에는 운동하지 말자.
- 저녁은 일찍, 가볍게 먹는다.
- 육류나 유제품 같은 동물성 단백질보다는 식물성 단백질과 콩류를 섭취한다.

- 바나나, 우유, 아보카도, 두부나 콩, 대추, 칠면조 고기, 닭고기, 생선 등 트립토판Tryptophan이 풍부한 식품을 섭취한다.
- 밤 9시 이후에는 음료수, 특히 술은 마시지 않는다. 술은 아침 일찍 잠을 깨게 하기 때문이다.
- 저녁을 먹자마자 자지 않는다.
- TV 시청이나 컴퓨터 사용을 자제하고 말을 많이 하지 않는다.
- 라벤더 에센셜 오일 10방울과 엡솜솔트를 넣은 미지근한 물로 목욕한다. 엡솜솔트를 넣기 전 오일이나 약간의 꿀, 우유, 생크림 등을 섞어주면 더 효과적이다.
- 라벤더가 주성분인 오일로 등이나 다리를 마사지해준다.
- 라벤더 에센셜 오일이나 오렌지 에센셜 오일을 방에 뿌려준다.

TIP 저녁을 먹기 전 꿀, 오렌지 에센셜 오일 3방울, 마저럼 에센셜 오일 2방울, 네롤리 에센셜 오일 1방울을 넣은 따뜻한 물을 1잔 마시자.

자신이 겪고 있는 수면 문제에 적합한 식물로 허브티를 만들어 꾸준히 마시자.

- 양귀비: 마음이 불안하고 예민할 때 잠이 잘 들게 해준다.
- 캘리포니아 양귀비: 잠들기 어렵거나 밤에 자다 깰 때, 악몽을 꿨을 때 수면에 도움을 준다.
- 홉, 라벤더, 피나무 꽃: 긴장을 풀어주는 효과가 있고 가벼운 수면장애를 겪는 사람에게 적합하다.
- 패션플라워, 쥐오줌풀 뿌리: 불면증 환자에게 효과가 있다.

숙면을 취하는 데 도움이 되는 허브티

패션플라워 60g, 피나무 꽃 50g, 양귀비 40g, 라벤더 30g을 섞어 물이 든 찻주전자에 1스푼 넣고 2분 동안 끓인 후 10분 동안 우려낸 허브티를 잠자리에 들기 전 매일 1잔씩 마시면 깊은 잠을 자는 데 도움이 된다.

다음과 같은 수면 문제가 있다면 아로마테라피를 활용해보자.

• 소화 불량으로 인한 불면증: 바질에 에센셜 오일 2방울을 뿌려 약간의 꿀과 섞어 매일 3번 섭취한다.

• 불안감으로 인한 불면증: 자기 전 명치에 퓨어 라벤더 에센셜 오일을 2방울 뿌리고 마사지해주거나, 저녁 식사 후 꿀 1스푼에 퓨어 라벤더 에센셜 오일 2~3방울을 섞어 입 안에서 녹여 먹는다. 잠자리에 들 때 1번 더 먹는다.

TIP 쥐오줌풀 추출물 30mL와 홉 추출물 15mL를 섞는다. 섞은 내용물 1스푼과 물 1잔을 잠자리에 들기 30분 전에 마신다. 단, 우울증이 있는 경우 좋지 않으니 주의해야 한다.

내 몸에 활력을
되찾아주는 테라피

당신은 얼마나 정신없이 바쁘게 지내고 있는가? 하지만 그러한 생활 리듬을 그대로 유지하다가는 결국 기진맥진하게 될 게 뻔하다. 잠시 생활 리듬을 늦추고 우리 몸의 소리에 귀를 기울여보자.

과로는 그만, 피로야 이제 안녕

당신의 삶에 활력을 되찾아줄 방법을 찾아라.

- 생 꽃가루, 해조류, 발아 씨앗, 과일주스, 신선한 채소 등 몸에 활기를 주는 식품을 섭취한다.

- 고수, 생강, 육두구, 로즈메리, 민트, 세이버리 등 음식에 활력을 주는 양념을 첨가한다.
- 산자나무, 자몽, 레몬, 소나무, 아르니카를 주 성분으로 한 에너지 오일로 마사지를 한다.
- 해수에 녹아 있는 무기질을 이용한 플라즈마 테라피를 받는다.
- 당신만을 위한 시간을 가진다. 예를 들어 예술 활동이나 태극권, 요가 등 정적인 운동을 하거나 명상법 강좌를 듣는다.
- 사우나, 마사지, 여자 친구들과의 점심, 자전거 타기 등 당신의 몸과 정신을 이완시키는 시간을 가진다.
- 매일 10분 동안 복식호흡을 한다. 어깨를 들면서 배와 폐로 숨을 완전히 들이쉬고 잠시 숨을 참았다가 천천히 숨을 내쉰다. 이때 숨을 완전히 내쉬어야 한다.
- 피부에 자극을 주기 위해 가끔은 냉수 목욕이나 샤워기의 센 물살로 샤워한다.

• 뷰티 레시피 Beauty recipe •

피로 회복 주스 만들기

레몬 2개를 짜서 즙을 만들고 유기농 달걀노른자 1개, 꿀 1스푼, 얇게 저민 생강을 약간 섞어준다. 면역 체계에 활력을 주기 위해 에키네시아를 조금 넣어줘도 좋다.

생 꽃가루

꽃가루에도 과일과 채소처럼 필수 아미노산이 함유되어 있는데 그 농도가 훨씬 높다. 비타민 E, 무기질, 특히 가장 강력한 항산화 물질 중 하나인 셀레늄과 미량원소를 포함하고 있는데, 단백질 함유량이 동물성 식품만큼 높은 것이 특징이다.

보통 말린 꽃가루보다 생 꽃가루를 더 선호하는데 이는 생 꽃가루 상태일 때 항생 물질이 더 효과적으로 작용하기 때문이다. 또한 장내 박테리아를 보호할 뿐만 아니라 이를 재구성해 면역 방어체계를 회복시키고 칼슘 손실을 줄여준다.

꽃가루는 몸에 에너지와 생기, 활력을 주는 성분이다. 따라서 노년층과 자가 면역 질환자에게 권장되는 식품이다. 또한 무기력증 환자, 피로감이나 스트레스를 자주 느끼는 사람, 기운이 없는 사람, 불면증이나 정신적 과로, 만성 피로에 시달리는 사람에게도 적합하다.

필요에 따라 치료 목적으로도 사용될 수 있는데 개개인의 질환, 연령, 성별에 따라 시스투스 꽃가루, 버드나무 꽃가루, 밤나무 꽃가루 등 여러 종류의 꽃가루 중 한 가지를 선택해 사용하는 것이 좋다.

스트레스 해소법

당신은 지금 얼마나 많은 스트레스를 받고 있는가? 여기 스트레스를 한방에 몰아낼 해결책이 있으니 이제 불안해할 필요 없다.

스트레스로 폭발 직전일 때 따라하기

• 10분 동안 복식호흡을 한다. 어깨를 들면서 배와 폐로 숨을

완전히 들이쉬고 잠시 숨을 참은 후 숨을 완전히 내쉰다.

- 바흐 플라워에센스를 사용해 목욕하거나 정신적 스트레스가 심할 때는 레스큐 레미디 용액을 혀 밑에 4방울 떨어뜨린다.
- 따뜻한 물에 바질, 마저럼, 꿀을 넣은 *그로그주*(럼주에 물을 탄 것)를 타서 마신다.
- 등 아랫부분과 어깨뼈 사이를 라벤더 오일이나 안젤리카 오일로 마사지해주면 효과가 있다.
- 수영, 걷기, 기공 등 긴장을 풀어주는 운동을 한다.

TIP 긴장될 때는 손수건에 라벤더를 올린 후 코에 대고 숨을 들이쉬거나 퓨어 라벤더 에센셜 오일이나 일랑일랑 퓨어 에센셜 오일을 명치에 2방울 뿌린 후 마사지해준다.

신경계 균형을 개선해주는 음식

아침부터 신경이 예민하고 피곤하다면 이것은 마그네슘 부족 때문일 수 있다. 이럴 때는 비타민과 미량원소가 풍부한 음식을 섭취해야 한다. 스트레스는 여러 가지 영양소 결핍 때문에 발생한다.

- 비타민 C: 키위, 멜론, 브로콜리, 오렌지, 딸기
- 비타민 B5: 아보카도, 달걀, 닭고기, 버섯, 연어, 요구르트
- 비타민 B6: 렌틸콩, 송어, 템페, 참치, 바나나
- 아연: 호박, 참깨, 검은콩, 굴, 홍합
- 마그네슘: 아몬드, 초콜릿, 말린 과일, 말린 채소, 옥수수, 광어, 두부, 완두콩

TIP 인삼도 마그네슘 보충 식품으로 좋지만 고혈압인 사람에게는 좋지 않다.

긴장을 풀어주는 허브티

끓인 물 1잔에 카모마일 1스푼과 개박하 1스푼을 타 10분 동안 우려낸 후 하루에 2~3잔 정도 마신다.

\ 뷰티 토크 /

자연치유, 기공

기공(氣功)은 중국에서 오천 년 전부터 전해져오는 생활 속 운동이다. 단순히 몸을 움직이는 체조 이상의 의미가 있으며 신체와 정신, 움직임과 에너지를 연결시켜준다. 몸의 에너지 순환(기)을 활성화하기 위한 간단한 운동(공)으로 몸과 마음을 단련시켜준다.

기공에는 여러 종류가 있는데 우리가 관심을 가지고 살펴볼 부분은 건강을 유지해주는 기공이다. 이러한 기공은 에너지를 다스리는 도인 기공으로 분류된다. 도인 기공에서 가장 중요한 점 세 가지는 호흡과 자의식, 집중과 의지, 하늘과 땅처럼 몸의 위와 아래를 연결시켜주는 정확하고 부드러우면서도 균형 잡힌 움직임이다. 기공은 스트레스와 긴장감을 풀어주고 흥분을 가라앉히며 정신력과 자신감을 강화시켜준다. 폐활량을 늘려주고, 정확하고 연속적인 움직임은 몸을 유연하고 부드럽게 해준다.

모든 연령대에 좋은 운동

• 어린이: 과잉행동이 줄어들고 집중력이 높아져 학습 능률이 올라가고 정신적으로 덜 피곤해진다.

• 성인: 스트레스와 정신적·육체적 긴장을 해소할 수 있다. 기공은 몸의 중심을 잡아주고 노화 속도를 늦춰주며 균형 잡기, 안정감 찾기, 몸의 움직임 등에도 도움을 준다.

• 노인: 몸의 전체적인 균형을 잘 잡아주고 호흡과 관절을 건강하게 유지해준다. 또한 스트레스를 줄여주고 마음을 안정시켜준다.

남미의 인삼 과라나

나는 과라나 팬이다. 나를 잘 아는 사람들은 '팬'은 너무 약한 표현이라고 생각할지도 모른다. 달리기, TV 방송, 저녁 모임 그 후에는 탈진! 하지만 물 1잔과 과라나 파우더 몇 그램(g)만 있으면 내 컨디션은 최고가 된다. 바로 '오렌지 매직 파우더' 덕분이다. 나는 이 파우더를 항상 가방 속에 가지고 다닌다. 부작용이 없는 게 장점이다.

아마존 원주민들은 수천 년 전부터 과라나를 먹었다. 휴, 다행이지 않은가. 아마존의 사테레 마우에족을 통해 알려지게 된 과라나는 내가 좋아하는 과야피 트로피칼 상표로 프랑스에서 출시됐다. 사테레 마우에족은 과라나 열매를 마치 신처럼 숭배하는데 과라나가 조화와 현명함을 가져다주기 때문이다.

나는 커피나 차에 들어 있는 카페인 성분을 오래전부터 더는 감당할 수 없게 됐는데 과라나는 이러한 성분 없이 몸에 생기를 되찾아주는 정신적인 부스터 역할을 해준다. 과라나에 들어 있는 과라닌은 카페인하고 비슷하지만 흥분시키지 않으면서 효과는 더 오래 유지된다.

과라나 열매는 산화 방지 성분이 풍부하고 지구력과 집중력을 높여주는 것으로도 유명하다. 또한 음식물의 장내 흡수를 조절해준다. 나는 몇 년 전부터 과라나를 먹으면서 이 효과를 직접 체험했다. 과라닌이 알코올과 만나면 혈관 확장 효과가 있기 때문에 숙취를 예방해줘 정신을 맑게 해준다.

한마디로 요약하자면, 아마 많은 사람이 그렇게 생각하겠지만, 나는 전생에 사테레 마우에족의 주술사였던 것 같다.

과라나-아세로라로 만든 나의 it 주스

사과 1개, 신선한 생강 몇 조각, 레몬즙(레몬 1개), 과라나 1/2 티스푼, 아세로라 1/2티스푼을 물에 섞어준다. 정신적·체력적 소모가 크거나 저녁 모임이 있기 전 신선한 상태에서 마신다. 활력을 주는 음료이다.

불안증 뛰어넘기

현재 불안감을 느끼는가? 이런 증상은 주기적으로 나타날 수 있다.

일시적인 불안증을 해소하기 위해 다음과 같은 방법을 사용해보자.

TIP 빠른 이완을 위해 스위트 아몬드 오일 몇 방울에 희석한 라벤더 에센셜 오일 1방울과 마저럼 에센셜 오일 1방울을 섞어 명치와 목덜미를 마사지 해준다.

- 라벤더 5방울, 샌달우드 5방울, 일랑일랑 2방울을 섞은 에센셜 오일과 엡솜솔트를 넣은 물로 목욕한다.
- 따뜻한 물에 바질, 마저럼, 꿀을 넣은 그로그주를 타서 마신다.

만약 불안증이 일시적인 증상이 아니라 성격 때문이라면 다음과 같은 치료법을 사용하는 것이 좋다.

- 허브티: 끓인 물 1잔에 말린 쥐오줌풀 뿌리 1스푼을 넣고 10분 간 우려낸다. 이 허브티를 1주일 동안 하루에 3잔씩 마신다.

- 3주 치료: 세인트존스워트 오일을 매일 1/2스푼 섭취한다. 바질 에센셜 오일 1방울, 마저럼 에센셜 오일 1방울을 약간의 꿀에 희석해 하루에 4회 먹는다.

다음 중 자신에게 적합한 대체의학을 선택한다.
- 불안한 상태에서 벗어나기: 최면 치료, 긍정적 시각화
- 감정 다스리기: 소프롤로지, 이완법, 마음챙김 명상
- 긴장 없애기: 침술, 시아추, 기공

France
파워블로그
훔쳐보기

삶의 춤 우타오

드디어 우타오 Wutao 수업을 듣기 시작했다. 90년대부터 시작된 우타오는 여러 방식을 결합한 운동이다. '우'는 자각, '타오'는 길을 의미하는데 '삶의 춤'으로 해석할 수 있다. 나는 수업을 들으면서 우타오에 완전히 매료됐다. 우타오를 하고 나면 자신의 호흡과 연결되고 정신과 몸이 깨어난다. 나선형으로 움직임이며 몸을 깨어나게 하는 생명력의 물결이 시작된다. 우타오의 장점은 무궁무진하다. 에너지를 방출시키고 마음을 다스려서 안정시키며 모든 것을 놓고 현재의 순간에 존재하게 해준다.

시아추 마사지

일본에서 유래한 시아추SHIATSU는 엄지손가락과 손바닥으로 몸을 지압하는 방식이다. 몸의 기가 잘 순환되도록 일정 부위에 스트레칭과 지압을 해주어 심신을 안정시켜주며 질병을 예방한다. 시아추는 혈액순환을 원활하게 해주며 근육조직과 몸의 유연성을 개선시켜주는 데도 효과적이다. 또한 신경계 작용을 촉진하고 조정하기 때문에 신경 안정에 매우 효과적이다.

치료를 받는 사람은 옷을 입고 누운 자세나 앉은 자세 또는 선 자세를 취한다. 치료사는 자신의 손가락, 특히 엄지손가락으로 경락을 따라 특정 부위와 전신을 지압하며, 지압 외에도 기 순환을 원활하게 해주기 위해 팔다리를 스트레칭해준다.

마음챙김 명상

마음챙김 명상mindfulness이 유행이다. 승려들을 대상으로 진행한 다수의 연구 결과에 따르면 명상을 통해 스트레스와 불안감이 줄어들었고 일부 질환이 호전됐음을 알 수 있다.

명상, 기도, 묵언은 아무 생각도 하지 않는 상태이다. 이를 통해 우리는 더 쉽게 내면의 평화와 분별력을 가질 수 있다. 하지만 아무 생각도 하지 않는 것은 의외로 어렵다. 명상을 처음 시작할 때 끊임없이 다른 생각이 든다고 해서 좌절할 필요는 없다. 그러한 생각을 지나가는 구름이라고 마음속에 그리며 현재의 명상상태로 돌아온다. 한 가지 더 도움을 주자면 침착하고 차분하게 자신의 호흡에 집중해본다. 매일 아침이나 저녁에 5분씩 명상하는 것을 시작으로 자신의 리듬에 맞춰 21일 동안 진행한다. 명상이 습관으로 자리 잡으려면 이 정도의 시간이 필요하다. 그러다 보면 점차 명상하는 시간을 좋아하게 될 것이다.

명상에 대해 좀 더 알아보고 싶다면 마음챙김 명상을 대중화시킨 존 카밧진Jon Kabat-Zinn이나 크리스토프 앙드레Christophe André의 저서를 읽어보길 바란다.

신체 나이가 젊어지는
식습관

식습관은 건강뿐만 아니라 신체의 아름다움을 위해 가장 중요한 생활 습관이다. 우리 몸을 보살핀다는 건 자신에게 좋은 영양분을 공급해서 몸에 활력을 불어넣어 주는 것이다. 따라서 먹는 것을 좋아하고 즐기는 여성이라면 유전자변형 식품, 너무 기름지거나 달고 신 음식을 먹지 않아야 한다.

좋은 식습관을 유지하기 위해선 몇 가지 간단한 식사 규칙만 지키면 된다. 특히 유기농 식품을 먹는 것이 가장 좋다.

나쁜 지방은 이제 그만

먹는 것을 좋아하고 즐기는 여성 중에 너무 기름지게 먹는 식습관을 가진 경우가 많다. 이제 새로운 식습관을 만들 때다.

어떤 식품을 선택해야 할까?

- 기름진 요리, 튀긴 음식, 소스를 곁들인 요리, 페이스트리, 케이크, 짜거나 단 비스킷, 초콜릿 등의 섭취를 줄인다.
- 동물성 단백질원을 곡류와 콩류로 대체한다.
- 하루 식사량에서 과일, 녹색 채소, 특히 제철 채소의 비중을 높인다.
- 간식으로는 오후 5시쯤 과일 1개와 소이 요구르트 1개를 먹는다.

먹는 순서가 가장 중요하다

각 성분이 소화되는 방식에 따라 음식을 먹는 순서에도 주의해야 한다. 먼저 신선한 과일과 생채소를 먹고 단백질과 유제품을 섭취한 후 마지막으로 전분을 함유한 식품과 곡류를 먹는다. 물론 음식을 천천히 꼭꼭 씹어 먹는 것도 중요하다.

Secret Note
"양념과 향신료는 소화를 촉진하고 음식의 흡수를 원활하게 해주기 때문에 항상 요리에 따라 다양하게 넣어주는 것이 좋다."

준 채식주의자 블렉시테리언

그렇다. 나는 분명 플렉시테리언flexitarian이다. 플렉시테리언이라는 신조어는 영어의 '플렉시블flexible'과 '베지테리언vegetarian'이 합쳐진 단어다.

솔직히 말하면 세월이 흐르면서 여러 가지 이유로 고기에 대한 욕구가 점점 줄어들었다. 첫째 이유는 살아있는 동안부터 도축당하는 순간까지 가축을 다루는 방식이 너무나 충격적이기 때문이다. 이런 점이 내 마음을 불편하게 한다. 둘째는 내 입맛 때문이다. 내 몸이 조금씩 육식에 대한 욕구로부터 멀어졌을 뿐만 아니라 그 욕구가 점점 더 줄어들고 있다. 셋째는 육류 선택의 폭이 좁고 음식의 질이 좋지 않기 때문이다. 예를 들어 중금속과 폴리염화 바이페닐(PCB)로 오염된 연어나 호르몬을 잔뜩 주입한 닭고기, 오리고기를 먹고 있다고 생각하면 식욕이 뚝 떨어진다.

그래서 내 식습관은 준 채식주의자 또는 준 육식주의자로 바뀌었다. 간단히 말하자면 플렉시테리언이다. 플렉시테리언의 정의를 살펴보면 내가 여기에 해당된다고 생각한다. "플렉시테리언은 주로 채식을 하지만 가끔 육류를 섭취하는 사람을 칭한다. 건강을 이유로 또는 환경적인 이유로 적색육을 먹지 않거나 유기농 육류만을 먹고 주로 가금류를 섭취한다."

플렉시테리언의 정의는 여전히 불분명하다. 실제로 1주일에 1회, 한 달에 1회 같은 주기성이 없기 때문이다. 각자 자신의 양심과 욕구에 따라 육류를 섭취할지 말지를 정하기 때문이다. 이런 자유 또한 마음에 든다.

설탕 경계령

지나치게 달게 먹지 않도록 다음 내용을 기억하자.

- 쌀, 면류, 빵, 비스킷, 아침으로 먹는 시리얼 등 탄수화물이 풍부한 식품을 선택한다. 탄수화물에 들어 있는 당류는 백설탕과 달리 혈당을 급격하게 상승시키지 않는다.
- 공산품에는 정제 식품보다 더 많은 살충제가 들어가기 때문에 되도록 유기농 제품을 섭취하도록 한다.
- 식사 마지막에는 설탕 섭취를 하지 않는다. 설탕은 소화를 느리게 하고 복부 팽만을 일으킨다. 따라서 식사할 때는 과일과 생채소부터 먹는다. 디저트를 먹고 싶다면 오븐에 구운 과일이나 과일을 설탕에 조린 콩포트를 권한다.

TIP 아가베 시럽, 메이플 시럽, 꿀, 쌀 시럽, 케인슈가 등 백설탕 대용품을 이용해보자.

몸이 좋아하는 음식과 식습관

당신이 꽤 좋은 식습관을 실천하고 있더라도 다음을 참고하길 바란다.

- 음식은 꼭꼭 씹어 먹고 천천히 먹는다.
- 저온에서 짜낸 신선한 유기농 식물성 오일을 사용한다.
- 요리할 때 가급적 쪄서 요리하고 채소는 아삭한 식감을 살려서 먹거나 생채소 그대로 먹는 것이 가장 좋다. 건강한 식습

관을 위해 불을 쓰지 않는 채식요리인 로푸드를 시작해보자.

- 제철 과일, 제철 채소를 구매한다. 또한 화물 운송으로 생기는 오염을 억제하기 위해 지역 농산물을 이용하자.
- 새싹, 아마 씨, 생해조류, 말린 해조류로 밥상을 풍성하게 해보자.

\ 뷰티 토크 /

천연 감미료, 아가베 시럽

아가베 시럽은 멕시코에서 자라는 선인장에서 추출한 천연 감미료로 꿀과 같은 색을 띠고 있다. 아가베 중심부에 있는 피나에서 즙을 채취해 걸러낸 후 당질을 당분으로 변환시키기 위해 저온 가열한다. 아즈텍족은 이 아가베를 신에게 바쳤으며 특히 피부 질환 치료제로 사용해왔다.

아가베 시럽은 다량의 과당을 함유하고 있으므로 백설탕보다 단맛이 더 강하지만 혈당지수는 매우 낮다. 예를 들어 꿀보다 4~5배나 낮다. 그러므로 설탕과 달리 혈당을 상승시키지 않으며 당뇨, 콜레스테롤, 과체중의 위험을 감소시킨다. 또한 아가베 시럽은 소금을 첨가하면 항균 효과가 강해지는 성질이 있다.

맛이 자극적이지 않은 아가베 시럽은 찬 음식이나 따뜻한 음식을 요리할 때 설탕 대용품으로 이용한다. 보통 아가베 시럽 150g은 설탕 200g을 대체한다. 아가베 시럽은 유기농 식료품 가게나 대형마트, 인터넷쇼핑몰 등에서 살 수 있다.

미각의 새로운 발견 로푸드

내 첫 로푸드raw food는 미각의 새로운 발견이었다. 음식이 이렇게 형형색색 아름다운 색을 띠며 영양이 풍부하고 신선해 보인 적이 없었기 때문이다. 첫 로푸드 식사는 내게 잊지 못할 추억을 남겼고 로푸드에는 무언가 좀 더 살펴볼 만한 것이 있다는 확신이 들었다. 나는 항상 새로운 것에 도전하기를 좋아하기 때문에 해조류 타르타르를 곁들인 아보카도를 먹어보았다. 제빵사 집안에서 자란 나에겐 거의 혁신적인 일이나 마찬가지였다.

중병에 걸린 가까운 친구 중 한 명이 수개월 동안 로푸드를 먹고 병세가 놀라울 정도로 호전되는 걸 보면서 로푸드가 건강에 좋다는 사실을 알게 됐다. 이는 내게 도전해보고 싶은 욕구를 불러일으켰다. 2년 반 동안 로푸드 비중을 점점 높여 마침내 모든 식사를 로푸드로 하게 됐다. 이는 꼭 달성해야 하는 목표는 아니었지만 나는 나 자신을 시험해보고 싶었다. 일반적으로 권하고 싶은 것은 아픈 사람의 경우 최소 2년 동안 모든 식사를 로푸드로 하고, 건강한 사람은 식단의 80% 정도만 로푸드로 구성한다.

로푸드에 도전하려는 사람에게 꼭 해주고 싶은 조언은 몇 가지 새로운 음식으로 천천히 시작하라는 것이다. 또한 로푸드를 하기 위해서는 새로운 요리 방식과 요리 도구가 필요하다. 하지만 저속착즙 방식의 주스기, 탈수기, 새싹 자동 재배기를 사기 전에 간단한 레시피부터 시작해보자. 이미 다 자란 새싹을 사면 부엌에서 싹을 키워보고 싶은 마음이 들 것이다. 집에서 나만의 해바라기 싹을 키우며 미각과 영양을 모두 채워주는 행복을 일상에서 누리게 될 것이다.

입맛에 따라 다양하게 이용할 수 있는 기본 레시피

- 해바라기 씨 파테: 그린 스무디나 물에 불린 아몬드를 주재료로 한 베지터블 밀크셰이크를 만들어보자. 이런 재료들은 구하기 쉽고 레시피도 간단하다.
- 저온 숙성 타르타르: 저온에서 건조시킨 크래커, 초밥, 해조류 타르 타르에 관심을 가져봐도 좋다.

• 뷰티 레시피 Beauty recipe •

에너지 스무디

사과 4개, 호박 속살 500g, 레몬 1개를 균일한 거품이 생길 때까지 믹서에 갈아준다. 간 얼음을 약간 넣어줘도 좋고 에너지를 내는 과라나 1/2티스푼을 넣어줘도 좋다. 신선한 에너지 스무디를 만들어 매일 아침마다 갈아 마시자.

쓸모있는 혈당지수

혈당이 올라가는 속도가 아닌 혈당지수를 신경쓰자.

- 혈당지수가 높은 음식을 섭취하면 과체중, 노화, 조직 손상, 면역 체계 약화 등 건강에 악영향을 미칠 수 있다.
- 흰 빵, 식빵, 감자(특히 매쉬드 포테이토), 콘플레이크, 백미, 설탕, 정제 식품 등 혈당지수가 높은 음식은 피하거나 조금만 먹는다.
- 통밀 빵, 렌틸콩, 말린 완두콩, 말린 강낭콩, 퀴노아, 메밀, 외알 밀, 말린 밀, 현미, 케일, 통밀 파스타, 녹색 채소, 양배추, 콜리플라워, 토마토, 사과, 오렌지 등 혈당지수가 낮은 음식을 섭취하도록 한다.
- 애호박, 버섯, 아티초크 하트, 셀러리액, 콜리플라워 등 혈당지수가 낮은 채소를 넣어 감자를 주재료로 한 요리 등을 만들어보자. 이렇게 채소를 섞어 요리하면 감자의 비율이 줄어서 혈당 조절하기가 훨씬 쉽다.

산성-알칼리성 균형 맞추기

우리 몸의 pH 농도는 원래 약알칼리성이다. 따라서 산성 식품을 과도하게 섭취할 경우, 호르몬 체계, 체중, 소화 작용, 두통, 뼈, 피부에 영향을 미치게 되어 활기를 잃고 탈수증과 노화를 유발

한다. 그러므로 우리가 먹는 음식 중 알칼리성 식품을 2/3, 산성 식품을 1/3씩 섭취해 우리 몸의 산성-알칼리성 균형을 맞추도록 해야 한다.

주로 먹어야 할 식품

- 신선한 채소와 과일: 레몬, 사과, 자몽, 루콜라, 양배추, 오렌지, 말린 자두, 루바브
- 허브와 향신료: 파슬리, 타임, 마늘
- 건포도, 대추, 말린 아몬드
- 신선한 우유 또는 산유, 소이 요구르트
- 저온에서 짜낸 식물성 오일
- 알칼리수

조금 먹어야 할 식품

- 비스킷
- 저온 살균한 유제품
- 즉석식품
- 단 음식과 설탕
- 밀가루
- 치즈, 특히 연질치즈
- 육류, 생선, 달걀흰자
- 견과류

음식 궁합을 따져서 먹자.

산성 식품이 몸에 미치는 영향을 보완하기 위해서 알칼리성 식품을 함께 섭취해야 한다. 예를 들어 달걀과 시금치, 닭고기와 녹색 채소를 함께 먹으면 좋지만 지방과 당분, 전분과 설탕, 신과일과 곡물, 커피와 크림은 궁합이 맞지 않는다.

자연의 보물, 레몬

나는 유기농 레몬즙 신봉자다. 내 친구 도미니크 에로 박사가 매일 레몬 1개를 짜서 즙을 마시라고 조언했을 때 나는 '모든 여성지에 나오는 옛날이야기잖아'라고 생각했다. 하지만 그녀를 믿는 터라 조언을 그대로 따랐고 나는 완전히 레몬즙에 빠져버렸다.

나는 레몬을 엄청나게 많이 샀다. 그리고 그 결과는 정말 대단했다. 감기에 걸리지 않았고 매주 한 번씩 달리기를 해 몸매도 좋아졌다. 뿐만 아니라 늘 활력이 넘쳤고 식욕도 줄어들었다. 치아는 더 하얘졌고(나는 치아 변색 때문에 차를 마시지 않는다) 피부도 더 부드럽고 빛나게 되었다.

비타민 C로 가득한 레몬은 우리 몸의 pH 농도를 알칼리화해준다. 산성화된 우리의 식습관을 고려한다면 인체에 완벽한 식품이다. 또한 지방 합성을 억제하고 비타민 C 덕분에 철분은 흡수한다. 왜 카트린 드뇌브가 레몬을 건강과 미의 비밀로 여겼는지 이제 이해가 된다. 나는 이 사실을 40세가 되어서야 깨달았다. 유기농 레몬은 단연 최고다!

건강을 지켜줄 자연의 보물

- 천연 비타민 C가 풍부한 에너자이저 카무카무: 페루 아마존에서 자라는 카무카무는 열매 100g당 비타민 C 2,500g 이상이 함유된 과일이다. 비타민 C 외에도 비타민 B1, B2, B3, E가 들어 있다. 또한 인, 단백질, 철분, 칼슘이 풍부해 우리 몸을 보호하고 면역 체계를 강화시켜준다. 카무카무를 생과육으로 먹을 때보다 가루로 먹으면 체내 흡수율도 높아지고 저장하기도 편리하다.

- 핑크빛 혈색을 선사하는 콤부차: 버섯이라기보다는 해조류에 가까운 콤부차는 녹차에 설탕을 넣고 발효해서 만든다. 콤부차는 피부 조기 노화를 예방하고 모발 건강에 도움을 준다. 허브티나 제조된 음료수 형태로 판매된다.

- 천연 강장제 마카: 안데스의 인삼이라 불리는 마카는 페루 아마존의 건조한 고원지대에서 자란다. 에너지를 공급해주는 영양물질과 비타민 B, C, E군이 풍부해 우리 몸을 위한 천연 강장제라 할 수 있다. 신체적 · 정신적 저항력을 높여주고 불안감을 진정시켜준다. 또한 폐경기에 찾아오는 갱년기 증상을 완화시켜준다.

- 우리 몸을 정화해주는 클로렐라: 민물에서 자라는 녹조류 단세포 생물인 클로렐라는 마치 자석처럼 작용하면서 장 기능을 활성화시켜 우리 몸 안에 쌓여있는 중금속과 약 성분을 배출시켜준다. 연질 캡슐 또는 가루 형태로 약국과 유기농 매장

에서 판매한다.

- 산화 방지제 녹차: 녹차에는 항산화 작용을 하는 다량의 폴리페놀이 함유되어 있다. 또한 카테킨Catechin은 카페인과 결합해 지방 분해에 도움을 주는 것으로 알려져 있다. 뿐만 아니라 신장 기능을 높이고 소화 및 배설 촉진작용을 한다. 하지만 녹차에는 카페인이 들어 있어 지나치게 많이 마시지 않는 것이 좋다.

- 행복의 열매 고지베리: 고지베리는 아시아 지역에서 자라는 관목인 구기자나무 열매며 건조된 상태로 먹는다. 전통적으로 장수의 비결로 여겨지며 강력한 에너자이저이자 전신 자극제, 성적 흥분제기도 하다. 열매에는 베타 시토스테롤Beta-sitosterol이 함유되어 있으며 소염제이자 뛰어난 무기질 원(마그네슘, 철, 인)이다.

• 뷰티 레시피 Beauty recipe •

최고의 감기 예방 주스

생강 또는 마카 연질 캡슐 1알, 마늘 1/2 쪽, 타임, 오이 1/2개, 사과 1개를 갈아 매일 아침 공복에 마신다. 더욱 강력한 효과를 원한다면 에키네시아 몇 방울, 밀싹 파우더 1티스푼, 클로렐라나 스피룰리나를 더해준다.

밀 배아

유용한 활력소가 농축된 밀 배아는 뛰어난 식품 보충제다. 면역 방어체계를 강화시켜주는 비타민 B, 강력한 산화 방지 성분인 비타민 E, 무기질, 미량원소, 아연 등이 풍부하게 함유되어 있다. 요컨대 밀 배아는 장점만 가진 식품이다.

활기찬 하루를 시작할 수 있도록 가루로 된 밀 배아를 아침 식사로 먹어보자. 기호에 따라 샐러드나 수프에 밀 배아 가루를 넣어 먹어도 좋다. 만약 밀 배아가 입맛에 맞지 않다면 연질 캡슐에 넣어 먹는 방법도 있다.

밀 배아 오일로 아름다운 피부 가꾸기

식물성 오일은 배아의 좋은 성분을 그대로 간직할 수 있게 해준다. 저온에서 처음 짜낸 유기농 오일인 밀 배아 오일은 세포 노화를 방지하는 데 도움을 준다.

밀 배아로 만든 오일과 크림은 유분이 많아서 피부 깊숙이까지 영양을 주기 때문에 악건성 피부를 가진 사람에게 적합하다. 또한 겨울에 튼 피부나 가벼운 동상을 진정시켜주는 효과가 있다.

날씬한 식물성 단백질

단백질이 축산물에만 있지 않다는 사실을 채식주의자들은 오래전부터 알고 있었다. 그렇다, 식물성 단백질이란 것이 존재한다. 식물성 단백질은 건강하고 균형 잡힌 식품으로 권장된다. 우리 몸을 산성화시키는 육류와는 달리 식물성 단백질에는 알칼리성 성분이 함유되어 있어 산성화된 우리 몸에 좋다. 식물성 단백질은 '날씬한 단백질'이라고도 불리는데 이는 식물성 단백질이 동물성 단백질보다 칼로리가 낮기 때문이다.

식물성 단백질은 어디에 들어 있을까?

• 콩류와 곡류, 발아 씨앗에 많이 들어 있다. 단백질이 가장 풍부한 콩류는 콩, 렌틸콩, 완두콩, 녹두, 잠두콩이다.
• 곡류로는 귀리, 호밀, 아마란스, 와일드 라이스가 있다.
• 발아 씨앗인 알팔파는 단백질 농도가 매우 높은데 두부나 달걀보다 더 높다.
• 아몬드나 호박 씨에도 식물성 단백질이 들어 있다.

식물성 단백질을 결합한 영양가 풍부한 채식주의 식단

• 두부 + 와일드 라이스
• 렌틸콩 + 아마란스
• 퀴노아를 넣은 샐러드 + 발아 씨앗 + 호박 씨와 아몬드

TIP 프랑스 표준규격기관 ANC과 프랑스 환경노동식품위생안전청 ANSES에 따르면 단백질은 총 에너지 섭취량의 10~15%를 차지해야 한다. 그러므로 지루하지 않게 변화를 주면서 전체적으로 균형 잡힌 식사를 해야 한다.

이상적인 하루 식단

• 아침 식사: 부드빅 크림에 으깬 바나나, 레몬즙, 아마 씨 오일, 제철 과일, 아몬드나 캐슈너트 같은 유지종자를 넣고 섞어준다. 화이트 치즈와 시리얼만 제외하면 충분히 좋은 식단이다.
• 점심 식사: 단백질에 지방질과 채소를 함께 섭취하기를 권한다. 우리는 좋은 지방질을 잊곤 한다. 이때 무엇보다 절대 열

을 가하지 않은 양질의 유기농 오일을 사용해야 한다.

- 저녁 식사: 말린 밀, 퀴노아, 현미 등 곡류를 곁들인 채소, 말린 과일, 발아 씨앗, 두부 등 제철 식품으로 식단을 구성한다. 식물성 단백질만으로도 풍성하고 다양하게 충분한 에너지를 얻을 수 있도록 건강에 좋은 음식을 배불리 먹도록 한다.

\ 뷰티 토크 /

밀가루 속 글루텐, 먹어? 먹지마?

글루텐 프리Gluten Free가 유행인 오늘날 글루텐이 건강에 나쁜 영향을 주고 있는가? 확실한 것은 오늘날의 밀은 백 년 전의 밀과는 완전히 다르다는 것이다. 밀은 변형·선별되기 때문에 오늘날 밀을 구성하는 염색체는 우리 몸에 적합하지 않다. 바로 여기에 문제가 있다. 그러므로 빵을 매일 먹어서는 안 된다.

그렇다면 건강을 위해 글루텐 섭취를 줄이면 될까? 이는 개인차에 따라 다르다. 우리 몸은 생물학적으로 다 같은 유전적 특성을 가지고 있지 않기 때문에 모두에게 효과가 있는 단 하나의 해결책은 존재하지 않는다. 어떤 사람은 글루텐이 함유된 음식을 계속해서 적당히 섭취할 수 있는 반면 또 다른 사람은 글루텐을 완전히 끊어야 한다.

그렇다면 자신이 글루텐 불내증gluten intolerance인지 어떻게 알 수 있을까? 가장 효과적인 테스트는 글루텐 섭취를 한 달 동안 완전히 끊는 것이다. 만약 글루텐 불내증이 있다면 즉각 건강 상태가 좋아질 것이다. 그다음 이 테스트의 결과를 확인하기 위해 글루텐을 다시 섭취하고 우리 몸이 어떻게 반응하는지 살펴보면 된다.

만약 약간의 글루텐 불내증이 있는데도 빵이 먹고 싶다면 5일에 1번씩 글루텐을 섭취하는 방법을 권한다. 소장이 다시 원래의 상태로 돌아오기까지 3일이 걸리고 모든 것이 괜찮은지 확인하기 위해 하루가 더 필요하므로 5일째 되는 날 다시 글루텐을 섭취하는 것이다.

사실 글루텐을 한 달 동안 끊으려면 많은 노력과 절제가 필요하다. 하지만 이는 단식과 욕구불만 상태에 처했을 때. 우리가 어떤지 관찰해볼 수 있는 기회기도 하다. 욕구불만이 생길 수 있다는 점을 예상하고 즐거운 마음으로 나 자신과의 약속을 지켜야 한다. 또 다른 방법으로 어떤 음식에 불내증이 있는지 확인할 수 있는 이뮤프로(ImuPro, 면역 글로불린 G와 관련된 음식 알레르기를 찾기 위한 혈액분석-옮긴이) 테스트가 있다.

글루텐 프리 식단, 체중이 줄어들까?
사실 글루텐 프리 식단을 따르기로 한 사람들의 나쁜 식습관 중 하나가 글루텐 프리 식품으로 옮겨간다는 것이다. 그러다 보면 혈당 지수가 높은 곡류를 많이 섭취하게 되기 때문에 영양적인 면에서는 개선되지 않고 최악의 경우 오히려 살이 더 찔 수도 있다. 다시 말하지만 우리는 우리가 무엇을 먹는지 알고 먹어야 한다.

유기농 채식 버거

재료:

- 무염 강낭콩 통조림 400g
- 토마토 통조림 400g
- 피망 파우더 한 꼬집
- 얇게 저민 마늘 한 쪽
- 얇게 저민 양파 2개
- 작게 썬 당근 1컵(200mL)
- 신선한 다진 고수 또는 파슬리 1컵
- 양파 파우더 1티스푼
- 귀리 플레이크 2컵
- 통밀로 만든 햄버거 빵 8개
- 채소 소스(작은 채소가 들어간 파스타용 유기농 토마토소스)
- 둥글게 썬 토마토, 둥글게 썬 비트 같은 생채소 약간과 발아 씨앗

만드는 법:

- 오븐을 220℃로 예열한다.
- 푸드 프로세서에 처음에 열거한 8가지 재료를 넣고 섞는다.
- 섞인 내용물을 큰 볼에 붓고 귀리 플레이크와 함께 섞는다.
- 위의 내용물을 햄버거 패티 모양으로 만든 베이킹 시트 위에 올리고 오븐에서 8분간 굽는다.
- 오븐을 끄고 패티 윗부분이 노릇해질 때까지 2분 동안 둔다.
- 햄버거 빵을 굽는다.
- 햄버거 빵 위에 베지테리언 패티를 얹고 소스와 생채소를 올린다.

그녀들의 이너뷰티:
날씬한 몸매를 위하여

My Natural
Beauty Book

어떻게 하면 복숭앗빛 피부와
아름다운 몸매를 만들 수 있을까?
피부 케어를 위한 비법과
과체중, 보기 싫은 군살, 셀룰라이트를 해결하기 위한
해결책과 레시피를 살펴보자.

디톡스 다이어트
크로노미터

건강을 위협하거나 살을 빼더라도 활기를 잃게 하는 다이어트는 절대 추천하지 않는다. 여기서 소개할 다이어트 프로그램은 쉽고 강제성이 거의 없다. 이 프로그램은 우리가 다이어트를 조금 더 자율적으로 할 수 있도록 해준다.

그동안 보지 못한 획기적인 다이어트가 될 것이다!

4주 만에 체중을 줄이는 8가지 황금 법칙
1. 매일 아침 공복에 밀싹 주스나 보리싹 주스를 마신다.
우리 몸에 활기를 주는 식품인 밀싹은 진짜 '묘약'이며 비타민, 무기질, 아미노산, 엽록소가 풍부하다. 신선한 밀싹 주스 50mL

는 채소 5kg과 같은 영양소를 가지고 있으며 강력한 디톡스 성
분이 있어 우리 몸을 놀라울 정도로 변화시킨다. 밀싹에 있는 효
소는 영양소 흡수와 소화기관의 알칼리화를 돕고 우리 몸의 에
너지와 면역력을 강화시켜준다.

2. 같은 음식을 더 먹지 않는다.

먹고 싶은 만큼 먹되 절대 같은 음식을 더 먹지 않는다. 이 원칙
의 목적은 배고프지 않으면서 우리가 지나
치게 많이 먹는 나쁜 식습관을 인식함으로
써 음식량을 조절하기 위함이다.

TIP 가득 채우기 좋은 작은 접
시를 사용한다. 큰 접시를 조금
만 채워야 한다는 강박으로부터
조금은 자유로워질 것이다.

3. 꼭꼭 씹어서 천천히 먹는다.

뇌가 포만감을 느끼려면 20분 정도 걸리기
때문에 천천히 특히 잘 씹어 먹는 습관을 들

TIP 내가 먹을 식사를 직접 준
비하면 식욕을 억제할 수 있다.

이면 덜 먹게 되고 소화도 더 잘 된다. 뇌는 다양한 소화액을 분
비하고 음식물 분해를 준비하며 영양소의 흡수를 돕기 위해 입
안으로 들어오는 음식을 분석할 시간이 필요하다.

4. 정기적으로 모노 다이어트를 한다.

2주에 1번, 되도록 저녁 식사 때 내가 마음껏 먹고 싶은 건강에
좋은 제철 음식 한 가지로만 식사를 한다. 예를 들어 사과 콩포
트, 이뇨작용을 돕는 체리, 소화를 돕는 생당근이나 현미만 먹
는다.

왜 모노 다이어트를 해야 할까? 한 가지 음식만 섭취하면 소화기관과 몸속 노폐물을 정화하는 기관의 부담을 덜어줘 우리 몸이 휴식을 취할 수 있기 때문이다. 또한 몸에 비축된 에너지를 사용함으로써 지방도 줄일 수 있다.

5. 식사 전에 휴식 시간을 갖는다.

식사 전 몇 분 동안 혼자만의 장소에서 조용히 복식 호흡을 한다. 내 몸과 감정에 대해 생각하지 않으면서 무의식에 몸을 맡긴다. 짧은 순간이라도 자기 성찰을 하면 충동이 가라앉고 몸의 중심을 잡을 수 있다. 그런 후에 식사를 하면 우리가 무엇을 먹는지 인식하면서 강박적으로 먹지 않게 된다.

6. 저녁에 동물성 단백질을 먹지 않는다.

'가난한 자의 저녁 식사'를 실천한다. 저녁에는 생선, 달걀 또는 돼지고기 같은 가공식품을 먹지 않는다. 하지만 저녁은 푸짐해야 한다는 점을 잊지 말자. 대신 음식 종류와 색상을 다양하게 해보자. 풍성한 식단으로 충분한 에너지를 공급해주면서 건강에 좋은 음식을 배불리 먹자.

TIP 샐러드와 수프에 호박 씨, 치아시드, 아마 씨, 참깨, 해조류 조각 등을 더해준다.

7. 유제품을 먹지 않는다.

유제품을 섭취하지 않으면 소화기관의 부담이 줄어들고 소화가 더 잘 될 것이다. 우리 몸은 우유를 잘 받아들이지 못하며 소화기관 내에서 발효되어 박테리아 증식을 일으킨다. 칼슘을 보충

하기 위해선 우유 대신 하룻밤 정도 물에 불려놓은 유기농 아몬드를 먹는 것이 좋다.

8. 좋은 지방을 먹는다.

우리가 먹는 일부 지방은 대부분 나쁜 지방이다. 예를 들면 질 낮은 오일, 트랜스지방, 동물성 지방 등이 그렇다. 하지만 뇌에 영양을 공급하거나 노폐물을 제거하기 위해 우리 몸은 매일 3~4스푼의 지방을 필요로 한다. 좋은 지방은 견과류, 아보카도, 저온에서 처음 짜낸 유기농 식물성 오일에 들어 있다.

> **TIP** 올리브 오일, 유채유, 호박 씨 오일, 아마 씨 오일을 섞어서 오일의 효과와 먹는 즐거움을 다양하게 누려보자.

앞에서 살펴본 8가지 법칙이 우리 생활 속의 일부가 될 수 있도록 마음에 드는 순서대로 옮겨 적어 냉장고에 붙여두자.

만약 이 법칙을 지키지 못하더라도 그다지 죄책감을 느낄 필요는 없다. 오히려 생활 속의 즐거움으로 생각하고 다크초콜릿이나 맛있는 유기농 소르베를 먹으면서 건강한 일탈을 해보는 것도 나쁘지 않다. 하지만 유전자변형 식품과 데워 먹기만 하면 되는 완전조리 식품은 절대 안 된다.

식사 외에 간식을 즐기고 싶다면 오전 중에는 허브티나 치커리차를 마시고, 오후에는 신선한 과일이나 아몬드 한 줌, 또는 발아 곡물 바를 먹도록 하자.

마지막으로 운동하는 것을 잊지 말아야 한다. 자, 용기를 내 걷기, 달리기, 자전거 타기, 수영 등을 시작해보자.

몸속 디톡스하기

우리는 누구나 의기소침한 마음, 약간 넘치는 몸무게, 피곤한 안색과 작별을 고하고 싶어 한다. 조금 넘치는 부분과 운동 부족 때문에 우리 몸은 노폐물과 독소로 꽉 막혀버렸다. 이제 3주간의 정화 치료를 해야 할 때다.

허브티는 배출 효과에 도움을 주는 물을 많이 마시게 해주기 때문에 이상적인 방법이다. 여러 식물을 섞어서 디톡스할 수도 있다. 가장 많이 사용되는 식물은 쐐기풀, 자작나무, 메도우 스위트, 체리 꼭지, 개밀, 민트, 블랙 커런트 잎, 호두나무 잎, 서양 물푸레나무 잎, 서양 현호색, 치커리, 녹차 등이 있다. 만약 안색이 좋지 않거나 작은 여드름이 난다면 우엉, 자작나무, 쐐기풀, 양갈매나무를 주재료로 한 디톡스를 추천한다.

새로 나온 채소와 과일이 가게에 진열되면 신선한 식단을 준비해야 할 때다. 아스파라거스(신장에 문제가 있는 경우는 제외), 어린 당근, 어린 파, 샐러드, 시금치, 처음 나오는 딸기를 이용해 디톡스를 해보자. 채소는 되도록 생으로 먹거나 데치거나 쪄 먹는 것이 좋다.

• 뷰티 레시피 Beauty recipe •

간단한 디톡스 주스

회향 1개, 셀러리 줄기 1개, 당근 1개, 검정 무 줄기 2개를 갈아 마신다.

추운 겨울을 위한 슈퍼 헬시 유기농 런치 박스

• 애피타이저: 버섯, 당근, 양파로 만든 홈메이드 수프에 비타민, 무기질, 단백질, 오메가, 섬유소를 풍부하게 함유한 밀 배아를 뿌리고 쿠아투오르 오일 1스푼을 넣어준다. 그리고 입을 즐겁게 해줄 만한 맛있는 음식으로 마무리한다.

• 식사: 소화하기 쉬운 글루텐 프리 메밀 빵 3조각에 해조류 타르타르를 발라준다. 이는 칼슘, 마그네슘, 효소, 염기성 단백질로 가득한 훌륭한 간식이기도 하다.

• 디저트: 카로티노이드, 섬유소, 비타민 E가 풍부한 시스투스 생 꽃가루를 뿌린 사과-배 콩포트와 가루로 빻은 치아시드를 함께 먹는다. 아즈텍족의 주식이었던 치아시드는 오메가, 철분, 칼슘, 칼륨, 단백질이 풍부한 식품이다.

• 음료수: 레몬 2개를 짠 따뜻한 레몬차에 마누카 꿀을 넣어준다. 전 세계적으로 유명한 마누카 꿀은 살균과 항균 효과가 있다.

• 마지막으로 라파초를 달인 물을 보온병에 담아 오후 내내 마신다. 브라질에 서식하는 라파초 나무 껍질은 면역 체계에 활력을 주고 혈액 속의 산소 운반을 도우며 독소를 제거해주는 가장 이상적인 식품으로 알려져 있다.

해조류

산화 방지 성분이 풍부하고 비타민, 섬유소, 미량 영양소(微量營養素, 극히 적은 양이기는 하나 식물이 성장하는 데 없어서는 안 될 원소-옮긴이)가 가득한 해조류는 아름다운 몸매를 위한 새로운 친구다. 해조류는 익혀 먹거나 샐러드처럼 생으로 먹을 수 있고, 가루로 된 해조류를 샐러드에 뿌려 먹어도 좋다. 해조류 타르타르와 소스 등도 있다.

주요 해조류 종류

• 우뭇가사리: 홍조류로 칼로리가 낮고 젤 형태로 되어 있어 위에서 팽창하면서 식욕 억제 효과가 있다. 식사 20분 전 차나 커피에 1티스푼 정도 타 먹으면 좋다.

• 모자반: 몸매 관리를 위해 좋은 해조류로 면역 체계에 활력을 준다. 끓인 물에 우려내 먹는다.

• 파래: 샐러드 채소류와 비슷하게 생겼다. 비타민이 아주 풍부하며 에너지를 북돋워 준다. 샐러드와 함께 생으로 먹는다.

• 덜스: 단백질, 칼슘, 마그네슘, 철분이 매우 풍부한 홍조류로 익혀 먹거나 생으로 먹는다. 특히 여성에게 좋은 해조류다.

• 김: 보라털과의 조류로 초밥에 사용되는 구운 김으로 많이 알려져 있다. 칼슘과 비타민을 함유하고 있으며 피로를 예방해준다.

• 미역: 샐러드나 소스에 찍어 먹으며 머리카락, 피부, 손톱에 좋다.

TIP 갑상선에 문제가 있으면 해조류를 먹지 않는 것이 좋다. 전문의에게 문의한 후 섭취하도록 하자.

슬리밍 스무디

셀러리 줄기 1개, 요구르트 1개, 이스트 1스푼, 토마토 3개, 고수(취향에 따라 파슬리 또는 민트) 작은 다발, 빻은 아마 씨 1스푼을 넣고 갈아준다. 식탁에 앉아 식사할 시간이 없을 때 슬리밍 스무디 1잔이면 충분하다. 한 끼 식사를 대체할 수 있을 만큼 활기를 주고 몸을 가볍게 하는 건강한 음식이다.

맛있고 빨리 준비할 수 있는 베지 트뤼프

익히지 않은 좋은 영양소와 에너지 가득한 맛 좋은 트뤼프로 기쁨을 누려보자. 우리 몸의 세포 깊숙이 영양을 공급해주고 입을 즐겁게 해줄 것이다. 트뤼프에는 철분, 오메가3, 비타민, 산화 방지 성분, 마그네슘, 단백질, 인 등이 함유되어 있어 아이 어른 할 거 없이 모두가 좋아하는 간식이다. 가장 어려운 점은 이 맛있는 재료들을 구하는 것뿐이다.

재료:

- 아몬드 파우더나 통 아몬드 1컵
- 씨를 제거한 대추 6개
- 고지베리 1컵
- 코코넛 오일 4~6티스푼
- 생 코코아 가루 1/2컵

만드는 법:

- 모든 재료를 푸드 프로세서에 넣고 천천히 섞어준다. 고지베리는 너무 으스러지지 않도록 마지막에 넣어줘도 좋다.
- 조금 더 단단한 바를 만들고 싶다면 치아시드 또는 아마 씨 1/2컵과 약간의 마누카 꿀을 더해준다.
- 이제 모양을 만들어준다. 곡물 바나 먹기 쉬운 볼 모양으로 만든다.
- 햄프시드나 참깨, 코코넛 파우더에 굴려줘도 좋다.
- 즉시 먹거나 냉장고에 1시간 동안 넣어둔 후 먹는다.

케일

잎이 쪼글쪼글한 작은 녹색 채소 케일이 뉴요커들에게 인기를 끌고 있다. 유명 여배우 귀네스 팰트로도 장수 식품인 케일 팬이다. 이유는 무엇일까? 철분, 마그네슘, 베타카로틴이 풍부한 케일은 영양가는 높지만 칼로리가 거의 없다. 좋은 성분만 가득한 케일은 디톡스의 새로운 스타로 떠오르고 있다. 좋은 소식은 이제 프랑스에도 케일이 상륙했다는 것이다.

프랑스에는 아직 잘 알려져 있지 않지만 케일은 독일 북부 지역과 네덜란드에서 즐겨 먹는 식품이다. 곁들여 먹는 채소나 퓌레로 만들어 먹고, 볶거나 얇게 썰어 먹기도 한다. 유럽에서 생산되는 대부분의 케일은 독일과 네덜란드에서 재배된다. 케일의 큰 잎이 추위에 강해서 독일과 네덜란드의 혹독한 기후에 적합하기 때문이다.

프랑스에서 케일을 찾기란 쉽지 않다. 몇 년 전부터 한 생산업체에서 케일을 재배해 '주르'라는 이름의 샐러드로 판매하고 있는데 유기농 케일이길 바란다. 또한 미국에서 엄마와 아이들의 큰 사랑을 받고 있는 생 케일 칩은 유기농 '해피 컬처 스테이튠드'라는 상표로 프랑스에 상륙했다.

7일 디톡스
다이어트

당신이 원할 때면 언제든 시작할 수 있는 활기찬 에너지와 몸매를 위한 다이어트 7일 식단을 활용해보는 것도 좋은 방법이다. 먼저 굶지 않으면서 자연스럽게 살을 뺄 수 있게 해주는 식단의 요점부터 살펴보자.

7일 다이어트 식단

- 1일 차: 다이어트 식단의 첫 아침 식사는 신선한 5가지 과일과 레몬즙, 오일, 씨 등을 섞어서 만든 미얌오프뤼다. 점심에는 주로 신선한 채소와 생선을 먹고 저녁에는 모노 다이어트를 시작한다.

- 2일 차: 영양가 있는 든든한 아침 식사를 한 후, 점심 식사로 충분한 샐러드를 준비한다.

- 3일 차: 만약 고기가 먹고 싶다면 점심에 흰 살코기와 간을 한 밥을 조금 먹는다. 저녁에는 구운 사과나 감자로 모노 다이어트를 테스트해본다. 낮 동안 허기질 때 언제 어디서나 먹을 수 있도록 아몬드와 말린 자두를 조금 가지고 다니는 것도 잊지 말자.

- 4일 차: 4일째 점심에는 글루텐이 들어 있는 파스타 또는 글루텐 프리 파스타를 먹는다. 애피타이저로는 신선한 아보카도가 좋다.

- 5일 차: 악마의 유혹이라고 생각하지 말고 11시경 초콜릿 두 조각을 먹는다. 초콜릿을 금지할 필요는 없다. 초콜릿은 식욕을 억제해주는 맛있는 간식이다.

- 6일 차: 점심에 건강에 좋은 베지테리언 쿠스쿠스 또는 비건 쿠스쿠스를 먹는다. 저녁에는 구운 사과로 모노 다이어트를 한다.

- 7일 차: 저녁에 다시 미얌오프뤼로 마무리한다. 아침을 먹을 때 따뜻한 유기농 레몬즙에 들어간 꿀이 먹는 즐거움을 더해준다는 것을 기억하자.

1일 차

당신을 위한 디톡스 다이어트 프로그램을 이제부터 시작해보겠다. 목표는 굶지 않으면서 몸무게를 줄이고, 음식의 새로운 맛을 발견하면서 먹는 법을 다시 배우는 것이다. 즐거운 한 주가 되길 바란다.

아침:
- 따뜻한 레몬즙 또는 저온 착즙한 레몬즙과 약간의 꿀

TIP 따뜻한 레몬즙의 온도는 최대 60℃를 넘지 않게 한다.

- 미얌오프뤼 1개 또는 유기농 식물성 마가린과 꿀 또는 아몬드 퓌레를 곁들인 바삭한 글루텐프리 빵인 팽데플뢰르 4조각

11시경:
- 치아시드 2스푼을 넣은 따뜻한 레몬즙과 아몬드 5알

점심:
- 제철 생채소나 당근, 콘샐러드, 마타리 상추, 검정 무
- 되도록 흰 살 생선에 유기농 멀티 오일로 드레싱한 채소
- 사과-배 콩포트
- 말린 자두 3~4개

저녁:
- 기호에 따른 모노 다이어트: 계절에 따라 구운 사과 또는 감자, 유기농 현미 또는 말린 자두, 포도 또는 체리

2일 차

다이어트 프로그램 이틀째다. 혈색을 찾기 위해 점심에는 맛있는 샐러드를 먹도록 하자.

아침:

- 따뜻한 레몬즙 또는 저온 착즙한 레몬즙과 약간의 꿀
- 미얌오프뤼 1개 또는 유기농 식물성 마가린과 꿀 또는 아몬드 퓌레를 곁들인 팽데플뢰르 4조각
- 바나나 1개 또는 유기농 말린 살구 4개 또는 제철이라면 생살구 4개

11시경:

- 치아시드 2스푼을 넣은 따뜻한 레몬즙과 아몬드 5알

점심:

- 맛있는 영양 만점 샐러드: 퀴노아, 건포도, 당근, 호박 씨, 네모나게 썬 두부 또는 달걀, 해조류 가루, 발아 씨앗, 밀 배아 가루에 멀티 오일과 타마리 소스

> **TIP** 점심때 따뜻한 레몬즙 대신 녹차나 허브티 또는 치커리 차를 마셔도 좋다.

- 또는 해조류 타르타르나 아몬드 퓌레를 바른 팽데플뢰르
- K-필루스 요구르트 1개 또는 익힌 콩포트

저녁:

- 채소 수프 2볼 또는 발아 씨앗을 넣은 미니 샐러드
- 양 치즈 2조각

3일 차

디톡스 다이어트 프로그램 3일 차에는 아몬드를 조금 먹어도 좋다. 배고플 때 아몬드를 먹는 것이 좋다. 전날 아몬드를 물에 미리 불려두면 소화가 더 잘 된다.

아침:

- 따뜻한 레몬즙 또는 저온 착즙한 레몬즙과 약간의 꿀
- 미얌오프뤼 1개 또는 유기농 식물성 마가린과 꿀 또는 아몬드 퓌레를 곁들인 팽데플뢰르 4조각
- 바나나 1개 또는 유기농 말린 자두 4개 또는 제철이라면 생자두 4개

11시경:

- 치아시드 2스푼을 넣은 따뜻한 레몬즙과 아몬드 5알

점심:

- 타마리 소스와 멀티 오일로 드레싱한 갈은 당근
- 흰 살코기와 간을 한 밥
- 신선한 과일 2개와 약간의 아몬드

저녁:

- 기호에 따라 원하는 모노 다이어트 2볼: 계절에 따라 구운 사과 또는 감자, 유기농 현미 또는 말린 자두, 체리 또는 포도

TIP 디톡스 다이어트 기간 중에는 붉은 고기를 먹지 않도록 한다.

4일 차

/

디톡스 다이어트 프로그램 4일 차 점심 식단에는 맛있고 영양가 높은 아보카도가 들어 있다. 즐거운 하루가 되길 바란다.

아침:

- 따뜻한 레몬즙 또는 저온 착즙한 레몬즙과 약간의 꿀
- 미얌오프뤼 1개 또는 유기농 식물성 마가린과 꿀 또는 아몬드 퓌레를 곁들인 팽데플뢰르 4조각
- 바나나 1개 또는 감귤류가 아닌 제철 과일 1개

11시경:

- 치아시드 2스푼을 넣은 따뜻한 레몬즙과 아몬드 5알

점심:

- 신선한 아보카도
- 홈메이드 소스를 곁들인 파스타: 토마토, 작은 양파, 애호박으로 만든 스펠타밀 파스타 또는 신선한 글루텐 프리 파스타
- 배-바닐라 콩포트 1개

저녁:

- 달걀 1개와 찐 채소
- 소이 요구르트 1개 또는 양젖으로 만든 유제품

5일 차

다이어트 프로그램을 시작한 지 4일이 지났다. 어떤 느낌이 드는가? 초콜릿을 사랑하는 사람들에게 행복한 소식은 오늘 식단에 초콜릿이 있다는 사실이다.

아침:
- 따뜻한 레몬즙 또는 저온 착즙한 레몬즙과 약간의 꿀
- 미얌오프뤼 1개 또는 유기농 식물성 마가린과 꿀 또는 아몬드 퓌레를 곁들인 팽데플뢰르 4조각
- 바나나 1개 또는 제철 과일 1개

11시경:
- 따뜻한 레몬즙과 유기농 다크초콜릿 2조각

점심:
- 레몬을 곁들인 생버섯 또는 양젖으로 만든 요구르트

TIP 작은 호박, 헤이즐넛, 밤 타르트, 양파 사과 타르트 등 겨울에 먹는 타르트가 좋다.

- 마타리 상추를 곁들인 콘샐러드와 타르트 1조각
- 디저트로 대추 몇 개

저녁:
- 미소 수프, 렌틸콩과 약한 불에서 익힌 쌀 또는 수프 2볼
- 양 치즈 2조각

6일 차

오늘은 맛있는 점심이 준비되어 있다. 목표는 7일간의 다이어트 식단을 따르며 즐거운 기분을 계속 유지하는 것이다.

아침:
- 따뜻한 레몬즙 또는 저온 착즙한 레몬즙과 약간의 꿀
- 미얌오프뤼 1개 또는 유기농 식물성 마가린과 꿀 또는 아몬드 퓌레를 곁들인 팽데플뢰르 4조각
- 바나나 1개 또는 유기농 말린 살구 4개 또는 제철이라면 생살구 4개

11시경:
- 따뜻한 레몬즙과 말린 자두 4개

점심:
- 세몰리나, 애호박, 병아리콩, 건포도, 양배추, 토마토 등으로 만든 베지테리언 쿠스쿠스
- 제철 과일

저녁:
- 모노 다이어트 2볼: 구운 사과 또는 감자, 유기농 현미 또는 말린 자두, 체리 또는 포도

7일 차

다이어트 프로그램의 마지막 날이다! 이제 우리 몸의 소리에 귀 기울이며 무작정 굶지 말고 새로운 식습관을 따르도록 하자.

아침:

- 따뜻한 레몬즙 또는 저온 착즙한 레몬즙과 약간의 꿀
- 미얌오프뤼 1개 또는 유기농 식물성 마가린과 꿀 또는 아몬드 퓌레를 곁들인 팽데플뢰르 4조각
- 바나나 1개 또는 유기농 말린 살구 4개 또는 제철이라면 생살 구 4개

11시경:

- 따뜻한 레몬즙과 대추 4개

점심:

- 따뜻한 음식과 찬 음식이 섞인 맛좋은 샐러드
- 감자, 새싹, 마타리 상추를 곁들인 콘샐러드, 해바라기 씨와 호 박 씨, 타마리 소스로 볶은 네모나게 썬 두부 또는 세이탄이나 큰 새우, 참깨, 건포도 또는 아삭아삭한 채소 와 함께 볶은 새우

> **TIP** 쿠아튀오르 멀티 오일과 타마리 소스 또는 발사믹 식초로 맛을 낸다.

- 유기농 다크초콜릿 2조각과 아몬드 약간

저녁:

- 굶지 않으면서 조금 더 살을 빼고 싶은 사람들은 미얌오프뤼, 그 외의 사람들은 미소 수프와 퀴노아

- 양젖으로 만든 요구르트 1개에 약간의 꿀
- 요리가 먹고 싶은 사람은 땅콩 소스로 버무린 비트와 붉은 양
  배추 샐러드

몸매 관리를 위한
7가지 It 아침 식사

다이어트, 맛, 건강을 모두 만족시켜주는 최고의 식사를 매일 아침 즐겨보자.

1. 소화를 돕는 K-필루스 요구르트와 함께하는 아침 식사

• 구운 슬라이스 호밀빵 2장과 헤이즐넛 퓌레 2티스푼

• 꿀 1티스푼과 K-필루스 요구르트

• 배 1개

• 녹차, 치커리차 또는 허브티

K-필루스 요구르트

유산균 함유량이 높은 우유를 특수하게 발효한 K-필루스Philus는 아주 특별한 요구르트다. 이는 과거에 버터밀크라고 했던 '바실러스 아시도필루스'라는 특별한 균주를 의미한다. 바실러스 아시도필루스는 일부 병을 치료하는 데 사용되기도 했다. K-필루스는 우유 분야의 세계적인 전문가인 마르그리트 클랭Marguerite Klein이 1960년대에 만들었다.

K-필루스 요구르트의 비밀은 우유에 유산균을 넣는 방식이다. 우유를 짜고 2시간 후에 미리 준비한 아시도필루스 효모와 연쇄상구균을 넣고 37℃에서 10~15시간 동안 발효한다. 저온 살균을 할 경우 80℃에서 1~2분 정도 짧게 발효한다. 그 결과 1mL당 4억 5천만 개의 살아있는 균을 배양한다. 양질의 우유는 요구르트를 만들기 위한 필수조건이다. 그러므로 오늘날에도 K-필루스 요구르트는 대량 생산되지 않는다.

다수의 연구와 수년간의 실험에 따르면 K-필루스 요구르트는 소화기관을 통해 음식물이 통과할 때 변비 또는 설사가 생기지 않게 균형을 잡아주고 장내 박테리아를 회복시켜주며 유당 소화를 돕고 습진, 욕창, 피부병을 치료해준다. 자연요법 전문가들과 쿠스민 협회는 K-필루스 요구르트를 하루에 3개씩 섭취하기를 권장한다. 유제품에 알레르기 반응을 보이는 사람에게도 부작용이 없는 제품이다.

K-필루스 요구르트는 작은 유리병에 들어 있고 유기농 매장에서만 판매한다. 더 부드럽고 소화가 잘되는 양젖으로 만든 K-필루스 요구르트를 추천한다.

2. 몸을 알카리화시키는 글루텐 프리 알카마탱

아마란스, 수수, 스위트 아몬드, 호박, 해바라기 씨, 메밀, 파인애플, 사과 등 유기농 재료로 손쉽게 조리할 수 있는 글루텐 프리 알카마탱은 재료들을 냄비에 넣고 따뜻한 물이나 식물성 우유,

바닐라 버번 한 꼬집을 넣고 죽처럼 조리하기 때문에 금방 준비할 수 있다. 아래의 재료로도 쉽게 글루텐 프리 알카마탱을 만들 수 있다.

- 아무것도 첨가하지 않은 아몬드 퓌레 1스푼
- 콩 또는 라이스 밀크나 아몬드로 만든 생크림 약간
- 유기농 사과 콩포트 약간

3. 운동을 좋아하는 여성을 위한 7가지 열매로 만든 lt 뮈즐리

식품 보충제의 도움 없이 섬유소, 비타민, 무기질, 미량원소, 아미노산을 가득 채워주는 건강한 아침 식사다. 소화가 아주 잘 되기 때문에 가볍지만 배불리 먹을 수 있고 하루를 시작하기 위한 충분한 에너지를 섭취할 수 있다.

- 작은 귀리 플레이크나 귀리기울 3스푼
- 치아시드 1스푼
- 생 꽃가루 2티스푼
- 으깨거나 동그랗게 썬 바나나 1/2개 또는 큰 씨나 껍질이 없는 제철 과일
- 7가지 말린 열매가 들어 있는 K1 믹스 2스푼
- 취향에 따라 헤이즐넛, 아몬드 우유 또는 소이 요구르트
- 샐비어, 접시꽃, 쇠뜨기, 타임이 섞인 웰빙 허브티

작지만 강력한 슈퍼푸드 치아시드

페루 등 남미에서 주로 재배되는 치아시드가 대거 상륙하고 있다. 미국에서는 치아시드가 아마 씨의 자리를 빼앗았다. 치아시드의 장점은 아마 씨보다 산패하지 않고 오래 보관할 수 있다는 것, 단점은 너무 먼 곳에서 온다는 것이다. 우리의 건강을 챙겨줄 치아시드에 대해 자세히 살펴보겠다.

산화 방지 성분과 영양물이 풍부한 샐비어 과인 치아시드는 콜럼버스가 발견하기 이전 마야인과 아즈텍족의 주식 중 하나였다. 아즈텍족은 치아시드만을 먹고도 오랫동안 걸을 수 있었다고 한다. 또한 치아시드는 약효가 있는 식품으로도 사용됐다. 치아시드는 자신의 중량보다 7배나 되는 물을 흡수해서 수분 공급을 연장해주기 때문에 에너지를 내는 효과가 뛰어나 오늘날 운동선수들에게도 사랑받는 식품이다. 그래서 '인디언 러너 푸드'라고 불리기도 한다. 달리기를 좋아하는 사람들에게 적합하다.

오메가3, 수용성 섬유소, 칼슘, 마그네슘, 인, 망간 등의 무기질, 밀이나 옥수수보다 단백질이 더 풍부한 기적의 작은 씨앗 치아시드는 글루텐이 없고 식욕을 억제해주며 당 흡수를 지연시켜 혈당조절에서 중요한 역할을 한다. 영국 영양학 저널의 연구에 따르면 좋은 콜레스테롤을 높여주기도 한다.

치아시드는 액체와 만나면 젤 형태가 되기 때문에 음식을 조리할 때 손쉽게 사용할 수 있다. 치아시드의 효능을 높이기 위해 싹을 틔우거나 빻을 필요가 없기 때문이다.

치아시드-마누카-레몬으로 만드는 아침 식사

나는 양질의 아침 식사로 이 음료를 준비하는 것을 좋아한다. 이 음료는 멕시코의 치아 프레스카에서 아이디어를 얻었다. 나는 이 식감을 너무나 좋아한다. 내가 어렸을 때 먹었던 타피오카를 떠올리게 해주는 '마담 프루스트의 마들렌'이다.

- 큰 유리잔에 유기농 레몬즙, 양질의 물, 치아시드 2~3티스푼, 마누카 꿀 1티스푼을 잘 섞어준다.
- 치아시드가 물을 흡수하면서 젤라틴 형태의 음료가 된다.

4. 유제품이 들어가지 않은 부드빅 크림

카트린 쿠스민Catherine Kousmine 박사를 통해 유명해진 부드빅 크림에 변화를 준 메뉴다. 이 메뉴의 목표는 혈당을 느리게 올려주는 양질의 당, 좋은 지방산, 단백질, 비타민, 무기질로 에너지를 충전하는 것이다. 시리얼과 유제품이 들어가지 않기 때문에 소화가 잘되고 충분한 에너지를 주는 완벽한 아침 식사다.

- 레몬 1/2개와 으깬 바나나 1개
- 아마 씨 오일이나 유기농 호두 오일 2티스푼
- 위의 재료를 부드러운 크림이 되도록 잘 섞어준다. 그 후 다음 재료들을 넣어준다.
- 사과, 배, 키위나 제철 과일 1개
- 호두 2알, 아몬드나 헤이즐넛 4알, 또는 해바라기 씨나 호박 씨 1스푼

- 고지베리 1티스푼
- 생 꽃가루 1티스푼
- 맛을 내기 위한 천연 소이 요구르트

5. 기가급 항산화 식품 미얌오프뤼

운동선수 중 좋은 성적을 내는 다수는 '미얌족'이다. 이 이상한 이름의 종족은 대체 누구일까? 바로 미얌오프뤼를 먹는 사람들이다. 미얌오프뤼는 부드빅 크림을 새롭게 재해석한 기가급 항산화 식품이다. 또한 미얌오프뤼는 피부를 좋게 해주고 비타민을 가득 채워주며 몇 시간 동안 배고플 일도, 간식을 먹을 일도 없게 해준다. 뿐만 아니라 군살을 빼주고 에너지를 높이고 병도 예방해준다.

- 아마 씨, 참깨, 아몬드, 호박 씨를 커피 그라인더에 넣고 갈아준다.
- 잘 익은 바나나 1개를 액체가 될 정도로 으깨고 유기농 유채유 2스푼을 넣은 후 마요네즈 농도가 될 정도로 잘 섞어준다.
- 유기농 레몬즙 1/2과 미리 갈아둔 씨를 2스푼 넣어준다.
- 기호에 따라 사과, 배, 키위, 딸기, 복숭아, 라즈베리, 망고 등 3가지 과일을 잘라서 섞인 내용물에 넣어준다.

6. 귀리 플레이크 다이어트 아침 식사

- 바닐라 맛 소이 밀크 또는 우유 또는 오트 밀크 150mL
- 작은 귀리 플레이크 3스푼

- 씻은 건포도 1스푼
- 해바라기 씨 1티스푼
- 레몬 에센셜 오일 또는 오렌지 에센셜 오일 2방울
- 시나몬 파우더 한 꼬집
- 바나나 1/2개
- 사과 또는 큰 씨나 껍질이 없는 다른 제철 과일 1/2개
- 전날 저녁 뚜껑이 닫힌 용기에 우유, 귀리 플레이크, 건포도, 해바라기 씨, 에센셜 오일, 시나몬 파우더를 넣은 후 냉장고에 보관한다.
- 아침에 일어나 바나나 1/2개를 으깨고 사과를 조각내어 자른다. 전날 저녁에 준비해둔 반액체 상태가 된 수프에 끓인 물을 부은 후 준비한 과일을 섞어준다.

7. 건강한 주말을 위한 유기농 브런치
맛있고 건강한 브런치로 주말에 놀러 온 친구들을 놀라게 해주자.
- 사과와 밤이 들어간 파운드 케이크
- 홈메이드 유기농 요구르트
- 바삭바삭한 아몬드-초콜릿 뮈슬리

베지 초콜릿-치아 푸딩

건강하게 초콜릿을 즐길 수 있는 간단한 레시피다. 정말 만들기 쉽고 맛있는 건강 간식이다.

재료:

- 치아시드 2스푼
- 식물성 우유(헤이즐넛 또는 바닐라 맛) 1컵
- 아가베 시럽이나 메이플 시럽 2스푼
- 초콜릿 파우더 1스푼
- 바닐라 농축액 1/2티스푼

만드는 법:

- 거품기로 모든 재료를 섞어준다.
- 20분간 둔다.
- 20분 후 다시 섞어준다.
- 반나절 동안 냉장고에 둔다. 냉장실에 넣어두면 초콜릿 푸딩과 같은 효과를 낼 수 있다.

사과-밤 파운드 케이크

재료:

- 달걀 3개
- 흑설탕 100g
- 아몬드 퓌레 3스푼
- 밀가루(T80) 200g
- 베이킹파우더 1/2봉지
- 캐롭 파우더 1스푼
- 사과 1/2개
- 밤 2스푼

만드는 법:

- 오븐을 180℃로 예열한다.
- 달걀에 설탕과 아몬드 퓌레를 넣고 잘 저어준다.
- 밀가루, 베이킹파우더, 캐롭 파우더를 섞어 달걀에 조금씩 풀어준다.
- 사과와 밤 조각을 섞은 후 케이크 틀에 붓고 오븐에서 40분간 구워준다.

홈메이드 유기농 소이 요구르트

재료:

- 천연 소이 요구르트 1개
- 바닐라 맛 소이 밀크 1ℓ
- 레몬 에센셜 오일 또는 스위트 오렌지 에센셜 오일

요구르트를 위한 재료:

- 전유로 만든 비피더스 요구르트 1개
- 전유 1ℓ

만드는 법:

- 주둥이가 있는 용기에 요구르트를 붓고 거품기로 섞어주면서 바닐라 맛 소이 밀크를 조금씩 넣어준다. 이것을 작은 용기 여러 개에 붓고 요구르트 제조기를 닫은 후 8시간 동안 작동시킨다.

- 요구르트 제조기 대신 냄비를 사용해도 된다. 이때 작은 용기 여러 개를 냄비에 넣고 따뜻한 물을 용기 높이까지 부어준다. 냄비 뚜껑을 덮고 8시간 동안 발효시킨다.

- 요구르트에 향을 추가하고 싶다면 바닐라 액 몇 방울이나 맛있는 잼을 넣어준다. 바닐라 맛 소이 밀크가 들어가서 이미 달콤해진 소이 요구르트에 레몬 에센셜 오일 또는 스위트오렌지 에센셜 오일 몇 방울을 넣어준다.

바삭바삭한 아몬드-초콜릿 뮈슬리

재료:

- 귀리 플레이크 100g
- 호밀 플레이크 100g
- 코코넛 가루 100g
- 통 아몬드 50g
- 꿀 2스푼
- 버진 해바라기 씨 오일 1티스푼
- 소금 한 꼬집
- 카카오 70% 다크초콜릿 50g

만드는 법:

- 큰 프라이팬을 데우면서 오일과 꿀을 섞어준다.
- 아몬드, 소금, 곡물 플레이크와 코코넛 가루를 붓고 저어주면서 6분 동안 익혀준다.
- 더 이상 익지 않도록 바로 차가운 용기에 부어준다.
- 작은 다크초콜릿 조각을 전기 믹서에 넣고 갈아준 후 준비해 둔 내용물이 완전히 식으면 섞어준다.

특별한 아침을 위한 에너지 스무디

밀 배아가 들어 있어 비타민 B와 비타민 E가 풍부하고 비타민 C와 산화 방지 성분도 가득한 에너지 스무디는 칼로리 없이도 포만감을 주고 활력을 채워주는 완벽한 주스다.

재료:

- 레몬 2개
- 바나나 1개
- K-필루스 요구르트 1개
- 밀 배아 2스푼

만드는 법:

- 레몬, 바나나, 요구르트를 균일한 거품이 생길 때까지 갈아준다.
- 밀 배아를 넣어준다.

부드러운 곡선미를 위한
군살 빼기

보기 흉한 군살을 빼기 위해 먼저 한 달 치료법부터 시작해보자. 한 달 치료법이 끝난 후에도 계절마다 모노 다이어트를 하는 것이 좋다. 대체의학의 도움을 받는 것도 좋은 방법이다.

한 달 동안 매일 다음과 같이 해보자.
- 물 2ℓ에 증류한 주니퍼 베리 또는 엘더플라워를 4스푼 넣어서 마신다.
- 물 1잔에 레몬 에센셜 오일 또는 자작나무 에센셜 오일 또는 레몬, 제라늄, 자작나무, 주니퍼 베리, 향이 나는 버베나를 섞어서 만든 에센셜 오일 4방울을 넣어 마신다.

- 아침저녁으로 군살이 찐 부분을 유기농 슬리밍 크림으로 힘차게 마사지해준다. 이때 디톡스를 해주는 토닉 에센셜 오일과 함께 슬리밍 및 카페인, 과라나, 녹차, 모자반, 회향풀, 사이프러스, 멘톨, 해조류 등 배출 효과가 활발하면서 보습이 풍부한 크림을 선택하는 것이 좋다.

- 지방 제거 또는 식욕 억제를 위한 다이어트 허브티를 하루에 3잔씩 마신다.

TIP 주의! 갑상선 문제가 있을 경우 지방 제거 허브티는 마시지 않는 것이 좋다.

• 뷰티 레시피 Beauty recipe •

지방 제거 허브티

모자반(지방연소), 아티초크(독소제거), 메도우 스위트 또는 적포도(배출 효과)를 섞어준 후 물이 든 찻주전자에 1스푼 넣어 3분 동안 끓이고 10분 동안 우려낸다.

식욕 억제 허브티

레몬밤, 패션플라워(진정), 그린마테(식욕 억제)를 섞어준 후 물이 든 찻주전자에 1스푼 넣어 끓이고 10분 동안 우려낸다.

대체의학

침술, 동종요법 같은 일부 대체의학 역시 효과가 있으며 군살을 빼는 데 도움을 준다.

셀룰라이트 정복하기

셀룰라이트를 해결하는 가장 좋은 방법은 마사지다.

- 오렌지 껍질처럼 우둘투둘한 부위를 매일 맨손으로 마사지해 준다.
- 마카다미아, 포도 씨, 참깨, 유채 등 마사지 오일을 2~3%로 희석한 다음 에센셜 오일에 섞어 사용한다.
- 에센셜 오일은 백자작나무, 녹색 사이프러스, 로즈메리(버베논 또는 시네올), 아틀라스 시더, 페퍼민트, 라벤더, 레몬, 로즈우드 등이 좋다.
- 에센셜 오일 대신 해바라기, 호호바, 올리브 또는 씨벅턴 등과 같은 식물성 오일을 바탕으로 한 유기농 특별 케어를 해줄 수 있다.
- 피부에 영양을 공급하고 탄력을 주기 위해 에너지를 주는 토닉 에센셜 오일을 결합해 사용한다.

• 뷰티 레시피 Beauty recipe •

안티 셀룰라이트 허브티

체리 꼭지(이뇨제), 메도우 스위트(소염제), 자작나무 잎(정화제), 블랙 커런트 잎(수분 저류 현상 방지)을 섞어준 후 물이 든 찻주전자에 1스푼 넣어 2분간 끓이고 10분 동안 우려낸다. 하루에 3잔석 마신다.

날씬한 복부 만들기

안타깝게도 지방이 가장 잘 축적되는 곳이 바로 복부인데 소화 불량으로 인해 배가 나오기도 한다. 날씬한 복부를 꿈꾼다면 음식 조절하기, 운동하기, 마사지하기, 대체의학 이용하기 등 다음과 같은 조언을 따라 해보자.

음식 조절하기

• 섬유소에 집중하자. 콩과 식물, 펙틴이 풍부한 과일, 보리, 귀리, 호두, 아몬드와 같은 수용성 섬유소보다는 홀 그레인, 배, 당근, 감자, 비트, 시금치, 딸기, 브로콜리, 양배추, 아스파라거스 같은 불용성 섬유소를 섭취하자.

• 한 끼 식사를 위한 과일 : 곡물 : 채소 비율을 3 : 5 : 3으로 맞추자.

• 소화 작용을 하는 효소가 희석되지 않도록 물은 특히 식사 시

간과 식사 시간 사이에 마신다.

- 수분 저류 현상을 방지하기 위해 너무 짜게 먹지 않는다.
- 설탕과 탄산음료를 피한다.
- 음식물의 소화를 늦추는 지방은 피한다.
- 음식물과 함께 너무 많은 공기를 삼키지 않도록 천천히 먹는다.

운동하기

- 달리기, 노르딕 워킹, 자전거 타기 등 되도록 지구력이 필요한 운동을 선택한다.
- 날씬한 복부는 근육이 있는 복부를 의미한다. 이는 등을 지탱해주는 복부 벨트만큼이나 중요하다. 몸을 일으켜 세우고 복근 운동이나 등산, 체조, 댄스, 조정, 필라테스 등 자신에게 적합한 운동을 해보자.

마사지하기

- 누르는 힘을 5분마다 달리하면서 손바닥으로 복부에 원을 그리며 마사지해준다.
- 셀룰라이트를 없애기 위해서는 셀룰라이트가 있는 부위를 손으로 꽉 쥔 후 밀어줘야 효과가 있다.

피토테라피

대체의학인 피토테라피를 꾸준히 하면 소화를 촉진시켜준다.

- 질경이 씨: 10분 동안 미지근한 물 100mL에 질경이 씨 10g을

담가두었다 우려낸 물을 마신다.

- 우뭇가사리: 차가운 물 1ℓ에 우뭇가사리 가루 5g을 희석시키고 5분 동안 끓인다. 마시지 전 식혀서 마신다.

- 알코올 추출물: 민트 알코올과 레몬밤 액을 약간의 물이나 허브티에 넣어 마신다. 식후 생길 수 있는 위의 통증이나 복부 팽만을 효과적으로 가라앉혀준다.

TIP 여과한 물 1ℓ에 마그네슘염 20g을 희석하면 천연 소화제가 된다. 식전에 1잔씩 마신다.

- 스타아니스(붓순나무)와 아니스는 같은 효과가 있으며 식후에 약간의 아니스 씨를 먹어도 좋다.

• 뷰티 레시피 Beauty recipe •

복부 팽만을 예방해주는 허브티

샐비어(소화를 촉진하고 경련을 가라앉힘), 볼도(담즙 분비 촉진), 커민(복부 팽만 예방)을 섞은 후 물이 든 찻주전자에 1스푼을 넣어 3분 동안 끓이고 10분 동안 우려낸다.

날씬해지는 해조류 찜질팩

이 찜질팩은 해조류가 가진 성질을 이용해 자연스럽게 살을 뺄 수 있게 해준다. 특정 부위의 살을 빼는 데 효과적이다. 탈라소테라피에 기본적으로 사용된다. 가장 힘든 것은 파우더로 된 해조류 미립자 성분을 구하는 것이다. 만약 괜찮은 약초 판매점을 알고 있다면 잘 활용하길 바란다.

재료:

- 모자반, 홍조류, 다시마 등 혼합 해조류 파우더 50g
- 따뜻한 물 100mL
- 녹색 사이프러스, 레바논 삼나무, 제라늄 버번, 레몬 또는 자몽 껍질 에센셜 오일 15~20방울

TIP 가장 좋은 시너지를 내는 혼합 비율은 삼나무 5~6방울, 제라늄 5~6방울, 레몬 5~6방울이다.

만드는 법:

- 볼에 해조류 파우더를 붓는다. 미지근한 물을 부어주면서 뻑뻑하지만 쉽게 발리는 농도가 될 때까지 잘 섞어준다.
- 에센셜 오일을 넣고 다시 한 번 섞어준다.

사용법:

- 필요한 부위에 팩을 발라주고 가능하면 랩으로 싸준다.
- 물로 씻어내기 전에 20분간 그대로 둔다.
- 팩을 바르기 전에 해당 부위를 마사지해주면 더 효과적이다.

안티 셀룰라이트 오일

효과적인 안티 셀룰라이트 오일은 셀룰라이트를 해결하고 가볍고 날씬한 다리를 되찾을 수 있게 도와준다. 특히 다리에 있는 셀룰라이트를 없애준다. 이 오일에는 혈액순환을 활발하게 해주는 것으로 알려진 알로에 젤과 칼로필 이노필 오일, 특히 셀룰라이트 감소에 효과적인 에센셜 오일 3%가 들어간다.

재료:

- 칼로필 이노필 식물성 오일이나 마카다미아, 참깨, 올리브, 포도 씨 오일 100mL 또는 식물성 오일과 알로에 젤을 반반씩 섞은 혼합물 100mL
- 로즈메리 버베논 에센셜 오일 12방울
- 아틀라스 시더 에센셜 오일 12방울
- 녹색 사이프러스 에센셜 오일 12방울
- 주니퍼 베리 에센셜 오일 12방울
- 레몬 껍질 에센셜 오일 12방울

만드는 법:

○ 모든 재료를 병에 넣고 잘 섞어준다.

사용법:

○ 순환을 활발하게 해주고 효율성을 높이기 위해 해당 부위를 미리 마사지해주는 것이 좋다. 이때 브러시나 루파를 이용해 마사지한다.

○ 마사지 후 해당 부위에 열이 나는 느낌이 들거나 가볍게 붉은 반점이 생기더라도 걱정할 필요는 없다. 하지만 피부에 염증이 생기지 않도록 주의한다.

○ 그다음 아래에서 위로 마사지하면서 오일이 잘 흡수되게 발라준다.

매끄러운 피부를 위한
뷰티 시크릿

건조한 피부를 매끄럽게

몸도 얼굴만큼이나 피부 관리가 필요하다. 피부가 건조하거나 이미 악어가죽 같다면 더더욱 신경 써줘야 한다.

피부 건조함을 방지하는 간단하고 효과적인 방법은 다음과 같다.

TIP 스크럽은 밀폐된 용기에 보관하면 오랫동안 사용 가능하므로 많은 양을 미리 만들어 놓고 써도 좋다. 농도를 더 진하게 하고 싶다면 설탕의 반을 꿀로 대체해준다.

• 피부 속까지 영양을 공급해주기 위해선 달맞이꽃 오일과 보리지 오일로 꾸준히 관리해줘야 한다.

• 영양이 풍부한 유기농 우유를 꾸준히 발라

준다. 이것만으로 충분하지 않다면 살구, 코코넛, 아보카도, 참깨, 장미 추출물 같은 식물성 오일을 번갈아가면 사용한다.

- 악어가죽 같은 피부를 가지고 있다면 배출과 토닉 효과가 있는 만다린, 티트리, 레몬 같은 에센셜 오일 몇 방울과 참깨 같은 식물성 오일로 매일 마사지해준다.

- 만약 피부 껍질이 벗겨진다면 보름에 1번씩 가볍게 스크럽해준다. 자신이 좋아하는 식물성 오일에 소금 또는 고운 모래를 섞어 마사지해준다.

- 오트밀 크림, 빻은 귀리, 코코넛 밀크 파우더, 베이킹소다 또는 해조류로 목욕물을 부드럽게 만들어서 사용한다.

> **Secret Note**
> "석회질과 오염물질로부터 피부가 더는 괴롭힘을 당하지 않도록 수도 밸브에 물 조절 장치와 필터를 설치했다. 이는 매우 효과적이다!"

아름다운 손을 가꾸기 위한 팁은 다음과 같다.

- 손등의 갈색 반점 없애기: 손등의 갈색 반점이 희미해지게 하기 위해 1주일 동안 매일 레몬즙을 발라주자. 이때 햇빛에 노출되지 않도록 주의한다.

- 손톱에 영양 공급하기: 스위트 아몬드나 호호바 오일 1스푼에 티트리 에센셜 오일 3방울과 소나무 에센셜 오일 3방울을 섞어 1주일에 2번씩 손톱과 큐티클을 마사지해준다.

- 손톱 튼튼하게 하기: 알로에베라를 오일에 우려낸 추출물과 아르간 오일을 같은 양으로 섞어 손을 담근다. 이때 레몬 에센셜 오일을 2방울 넣어줘도 좋다. 피마자유도 손톱을 튼튼하게 해주는 데 효과적이다.

신의 음식, 우뭇가사리

홍조류인 우뭇가사리를 씻고 말려서 냉각시킨 후 수분을 제거하면 하얀 가루가 된다. 일본에는 젤리로 된 우뭇가사리가 있다. 일본어로 '칸텐'이 라고 하는 우뭇가사리는 신의 음식으로 여겨졌다. 특히 일본 여자들은 우 뭇가사리를 매우 좋아하는데 우뭇가사리가 날씬한 몸매를 만들어주기 때 문이다. 실제로 우뭇가사리의 점액이 소화와 배출을 촉진한다. 게다가 우 뭇가사리는 암을 유발하는 중금속과 유해 화학물질을 흡착해 배출시킨 다. 또한 무기질이 매우 풍부하며 칼로리가 거의 없으므로 우뭇가사리가 건강과 요리를 위한 좋은 친구라는 점을 잊지 말자. 우뭇가사리만 있다면 무엇이든 만들 수 있다.

우뭇가사리를 이용한 레시피

우뭇가사리는 기다란 바, 조각, 가루 등 다양한 형태로 판매된다. 바와 조 각 형태는 사용하기에 약간 불편한데 물에 적신 후 말려서 오랫동안 삶아 야 하기 때문이다. 그래서 가루 형태를 이용하는 것이 가장 좋다.

- 기본 레시피: 물 500mL에 우뭇가사리 가루를 2g 섞어 잘 저어준 후 끓이면서 서서히 익힌다. 기호에 맞게 소금, 설탕, 향신료나 과일 조각, 견과류 퓌레를 넣어준다. 섞인 내용물을 용기에 붓고 식힌 후 1~2시간 냉장 보관한다.
- 젤리: 과일주스나 채소와 물을 주재료로 하는 젤리는 만들기가 간단하 다. 주스 500mL에 우뭇가사리 2g을 넣고 끓인 후 식히면 된다.
- 플랑: 식물성 우유로 만든 젤리와 비슷한 플랑은 농도가 젤리와는 다르 며 덜 투명하다.
- 크림: 플랑과는 달리 크림에는 우유뿐만 아니라 이름 그대로 크림이 들 어 있다. 콩, 액체로 된 귀리, 코코넛 크림을 사용한다.
- 무스: 무스를 만들기 위해서는 아주 약간의 식물성 우유에 순두부, 소 이 휘핑크림 또는 달걀흰자를 섞은 후 우뭇가사리를 넣어준다.
- 아이스크림: 크림 또는 무스를 섞어서 셔벗 제조기에 넣어주면 된다.

- 테린: 플랑을 만드는 간단한 레시피를 바탕으로 과일이나 채소가 들어간 모든 종류의 테린을 만들 수 있다.
- 잼: 잼이 너무 묽다면 과일 1㎏에 우뭇가사리 2g을 넣어주면 된다. 우뭇가사리는 펙틴의 훌륭한 대체재이자 달지 않은 잼을 만들 수 있게 해준다.

- 매끄러운 손 가꾸기: 먼저 올리브 오일에 가는 소금 또는 설탕을 섞어서 스크럽을 만들어 손을 부드럽게 마사지해준다. 그리고 자기 전 손에 시어버터를 발라준다.
- 미지근한 물에 손을 담근 후 나무 막대기로 큐티클을 밀어내는 것을 잊지 말자. 절대 큐티클을 잘라내서는 안 된다.
- 천연 매니큐어를 발라줄 수도 있지만 유기농 인증을 받은 매니큐어 제품은 거의 없다. 눈을 크게 뜨고 찾아보자.

• 뷰티 레시피 Beauty recipe •

손톱을 위한 뷰티 스크럽

오이 1/2개, 셀러리 줄기 1개, 빨간 사과 1/2개, 취향에 따라 얇게 저민 신선한 생강 2조각을 블렌더에 갈아 준다. 이 스크럽은 엽산, 칼륨, 비타민 C, 카로틴이 풍부하며 머리카락 관리에도 효과적이다.

오리엔탈 바디 스크럽

재료:

- 케인슈가 파우더 4스푼
- 해바라기 씨, 홍화 씨, 포도 씨 같은 식물성 오일 2스푼
- 시트러스 에센셜 오일 20여 방울만 사용하거나 스위트 오렌지, 비터 오렌지, 만다린, 베르가모트, 페티그레인 에센셜 오일 등과 섞어준다.

만드는 법:

- 볼에 설탕을 붓고 오일과 섞어 결정체가 있는 꿀 정도의 농도가 되도록 해준다. 섞인 내용물의 농도가 너무 되면 오일을 약간 넣어주고 너무 질면 설탕을 약간 넣어 농도를 조절해준다.
- 에센셜 오일을 넣고 다시 섞어준다.
- 시트러스 향이 나는 스크럽은 오리엔탈 스타일의 매력을 떠올리게 한다. 올리브 오일을 이용해 스크럽을 만들 수도 있지만 그럴 경우 모든 내용물이 섞였을 때 향의 조화가 깨진다. 그러므로 여기서는 향이 가장 약한 오일을 선택하는 것이 좋다.

- 향의 구성을 위해 앞에 언급한 에센셜 오일 중 한 가지만 사용해도 되며 취향에 따라 섞어줘도 좋다. 페티그레인은 시트러스 향을 은은하게 해준다. 버베나 향을 떠올리게 하는 까마귀쪽나무와 바닐라 향이 나는 벤조인이 있다면 잘 어울릴 것이다. 만약 비싼 네롤리가 있다면 몇 방울 넣어줘도 좋지만 피부 관리를 위해 쓰기에는 아무래도 아깝다.
- 밀폐된 용기에 내용물을 넣고 서늘하고 건조한 곳에서 실온 보관한다.

사용법:

- 내용물을 약간 떠서 몸에 원을 그리듯이 스크럽해준다. 특히 팔꿈치, 무릎, 뒤꿈치 등 가장 건조한 부위의 각질은 세심하게 제거해주고 네크라인 부분은 가볍게 문질러준다.
- 미지근한 물로 헹궈낸 후 남아있는 오일이 흡수되도록 물기를 닦아준다.

햇빛이 강렬해지면 발을 관리해줄 때다.

- 뒤꿈치가 많이 건조하다면 검은 속돌로 뒤꿈치를 갈아주거나 마른 상태에서 스크럽해준다.
- 줄로 부드럽게 발톱 표면을 다듬어준다.
- 작은 상처나 사상균증이 있는 부위에 살균제 역할을 하는 티트리 에센셜 오일을 1~2방울 뿌려준다. 미지근한 물이 담긴 대야에 오일 몇 방울을 떨어뜨리고 발을 담가줘도 좋다.
- 최소 한 달 동안 매일 유기농 영양크림이나 시어버터를 발라준다.

햇빛에 노출되기 전 피부 관리하기

여름이면 피부는 강한 햇빛에 노출된다. 우리 몸은 비타민 D가 부족하므로 햇빛에 노출시킬 필요가 있지만 지나치지 않을 만큼만 누려야 한다. 준비 없이 피부가 햇빛에 노출되면 가벼운 화상을 입거나 피부가 지나치게 선탠될 수 있다.

1단계: 피부 속 관리

- 햇빛에 노출될 피부를 위해 항산화 케어를 해주고 피부 보호막을 만들기 위해 비타민 A, C, E와 베타카로틴을 함유한 음식을 먹어야 한다.
- 비타민 A, C, E와 베타카로틴은 주로 다음과 같은 식품에 들

어 있다.

+ 비타민 A: 달걀, 치즈, 기름기 많은 생선

+ 비타민 C와 베타카로틴: 붉은 과일과 채
  소. 체리, 딸기, 파프리카, 수박, 망고, 살
  구, 멜론

+ 비타민 E: 식물성 오일, 아몬드, 헤이즐넛

TIP
• 매일 아침 공복에 당근 주스
  를 마신다.
• 딸기 또는 루바브 스무디와
  꿀을 아침저녁으로 먹는다.
• 스피룰리나 또는 클래머스
  같은 미세조류와 밀싹 주스
  를 약간 더해줘도 좋다.
• 햇빛 차단을 위한 식품 보충
  제를 섭취하고 캡슐에 든 달
  맞이꽃이나 보리지 오일로
  케어해준다.

2단계: 피부 결 관리

• 샤워를 할 때 매일 식물성 스펀지인 루파를 사용해 죽은 각질
  과 피부에 달라붙은 털을 제거해주고 피부가 숨을 쉴 수 있게
  해준다. 그래야 죽은 각질을 제거하고 수분과 영양 공급을 할
  수 있다.

• 케인슈가에 스위트 아몬드 오일과 스위트 오렌지 에센셜 오
  일 몇 방울을 섞어서 1주일에 1번 얼굴과 몸에 홈메이드 스크
  럽을 해준다.

• 피부가 햇빛에 노출되기 전, 2~3주 동안 당근 식물성 오일을
  매일 발라준다. 이는 안색을 좋게 해주고 카로티노이드와 비
  타민 A가 풍부해 태양에 노출된 피부를 보호해준다. 감광성
  물질이기 때문에 햇빛에 노출되기 48시간 전부터는 오일 사
  용을 멈춘다.

• 안색을 회복시켜주고 피부를 보호해주는 좋은 유기농 수분크
  림이나 살구 씨 오일과 같은 식물성 오일도 잊지 말자.

3단계: 자외선 차단제 사용하기

태양을 잘 이용하면 건강에 더할 나위 없이 좋을 것이다. 자외선 차단제를 잘 골라 태양 아래서도 당당하자.

- 화학 필터 기능: 일반적으로 자외선 차단제에는 햇빛을 막기 위한 가시광선을 흡수하는 필터가 있다. 이러한 필터 효과를 내기 위해 아주 강력한 화학 물질들을 혼합하는데 이는 우리 몸에 나쁜 결과를 가져올 수 있다.

- 천연 필터 기능: 유기농 자외선 차단제는 선스크린이라고도 하는데 빛을 반사시키는 광물성 물질로 이루어져 있기 때문이다. 따라서 햇빛 차단 원리는 기계적이며 백탁 현상 때문에 사용하기에 다소 불편하다. 하지만 일부 제품에 들어 있는 이산화티이타늄과 산화아연에 주의해야 한다. 이러한 성분도 발암, 독성, 알레르기 등 위험 요소를 가진 물질이기 때문이다. 또한 우리 몸의 세포를 상하게 하는 나노 입자도 들어 있다. 2013년부터 제품에 나노 입자 함유 여부를 표기하도록 했으니 자외선 차단제를 사기 전에 라벨을 잘 살펴보도록 하자.

TIP 선스크린이 필요하다면 천연 비타민은 필수다. 보충제 형태든 피부에 바르는 형태든 이러한 비타민은 반드시 천연이어야 한다. 비타민은 멜라닌 세포를 재생시켜주고 자연스러운 선탠과 특히 비타민 D 생성을 위한 태양 에너지를 우리 몸이 흡수할 수 있도록 도와준다.

햇빛에 노출된 피부 관리하기

- 피부의 열을 식히고 진정시키기 위해 스프레이로 된 카모마일 플라워 워터를 사용하자.
- 알로에베라 젤은 수분을 공급하고 세포를 재생시키기 때문에

소금, 바닷물, 가벼운 화상으로 건조해진 피부에 이상적인 치료제다. 신선한 알로에베라즙을 마시는 것도 좋다.

- 알로에베라 대신 안색을 맑게 해주고 건조해진 피부를 보호해주는 기름지지 않은 살구 씨 오일을 사용하는 것도 좋다.
- 버진 코코넛 오일과 모노이 오일은 부드러운 질감을 가지고 있으며 바다 내음을 떠올리게 한다. 피부에 영양을 공급해주는 것은 당연하다.
- 세인트존스워트 오일은 피부를 진정시켜주고 상처와 가벼운 화상을 치료해준다.

그녀들의 머릿결: 자연주의 홈케어

My Natural Beauty Book

누구나 볼륨감 있는 헤어, 부드럽고 반짝이는 머릿결을 꿈꾼다.

관리 방법만 잘 안다면 불가능하지 않다.

우선 따라야 할 첫 번째 규칙은 세정력과 향이 강한

샴푸를 피하고 유기농 제품을 사용하는 것이다.

또한 건성, 지성, 손상, 푸석푸석한 모발, 윤기 없는 모발,

뻣뻣한 모발 등 모발의 특성에 따라 관리 방법을 선택해야 한다.

자신의 모발이 어디에 해당하는지 알아야

최상의 관리를 할 수 있기 때문이다.

머릿결 상태에 따른
모발 관리

건성 모발

심한 건성 모발은 머릿결이 더 쉽게 손상된다. 하지만 머리카락이 건조해지는 것을 방지해주는 아주 간단한 방법이 있다.

- 머리를 너무 자주 감지 않는다. 샴푸는 3일에 1번이면 충분하다.
- 건성 모발용 샴푸를 사용하고 물에 잘 녹여서 거품을 낸다.
- 시중에 파는 헤어 마스크를 사용하거나 호호바 오일과 시어 버터에 일랑일랑 에센셜 오일이나 로즈 제라늄 에센셜 오일, 버번 에센셜 오일 3방울을 섞어 헤어 마스크를 만들어 사용한다.

- 헤어드라이어를 너무 장시간 사용하지 않는다.
- 우드 브러시를 사용한다.

지성 모발

심한 지성 모발이라면 이것 역시 그다지 섹시하지는 않다. 하지만 당황할 필요 없다. 다음과 같은 방법을 따르면 문제를 해결할 수 있다.

- 머리를 매일 감지 않는다. 머리를 자주 감으면 피지 분비를 촉진하기 때문이다.
- 세정력이 너무 강한 제품을 사용하지 않는다.
- 피지를 조절해주는 제품을 사용한다. 라술, 헤나, 알레포 비누는 지성 모발에 적합한 제품이다.
- 샴푸에 시더, 라벤더, 레몬 또는 소나무 에센셜 오일 몇 방울을 첨가해준다.

TIP 린스 대신 사과 식초 2스푼을 물에 타서 머리를 헹구면 건강하고 부드러운 머릿결을 유지할 수 있다.

볼륨 없는 모발

머리에 볼륨을 살려주려면 좋은 헤어 제품을 선택해야 한다.

- 지나치게 영양이 풍부하면 머리카락이 무거워 볼륨감을 살릴 수 없다.
- 꿀로 만든 유기농 샴푸를 사용하고 머리카락이 잘 자라게 해

천연 헤나

고대부터 동양 여성들이 사용해온 헤나는 머릿결을 보호하고 튼튼하게 해줬다. 헤나는 손상된 머릿결을 회복시켜주고 염색에도 이용돼 모발에 생기를 되찾아준다.

모발 관리와 염색에 이용되는 헤나는 주로 파우더 형태다. 머리카락에 막을 입혀 큐티클을 감싸준다. 모발에 활기와 볼륨감을 주기 때문에 볼륨 없고 가는 모발에 적합하다. 지성 모발은 피지를 조절해준다.

헤나에는 두 종류가 있다. 뉴트럴 헤나는 지친 모발에 반짝이는 생기를 되찾아주는 데 사용되고, 염색용 헤나는 머리카락을 염색해 생생한 색감을 준다.

헤나 사용법

- 뜨거운 물에 헤나 파우더를 넣고 농도가 진해질 때까지 섞어준다.
- 염색이 잘되도록 약간의 올리브 오일과 레몬즙을 넣어줘도 좋다.
- 장갑을 끼고 머리카락 전체를 조금씩 나눠가며 헤나를 발라준다.
- 헤어캡이나 젖은 수건으로 머리를 감싸주고 자신이 원하는 결과에 따라 20분에서 2시간 정도 그대로 둔다.
- 헤나가 모두 씻겨나갈 때까지 머리카락을 충분히 헹궈주고 순한 샴푸로 마무리해준다.

이것만은 알아두자!

- 헤나는 모발에 생기를 되찾아주는 여러 요소를 가지고 있지만 머리카락을 균일하게 감싸주진 않는다. 머리카락마다 약간의 차이를 두며 보호막이 형성된다.
- 밝은색 모발인 경우 뉴트럴 헤나를 이용하면 머리카락이 은은하게 물든다.
- 갈색 머리카락은 아름다운 적갈색 또는 구릿빛을 띠고, 밤색 머리카락은 마호가니 색에 가까운 우아한 붉은 색조를 띠게 된다.

주는 퀴노아 오일로 관리해준다.

- 모발에 생기를 되찾아주는 데 효과적인 헤나를 사용하고, 머리카락을 염색하고 싶지 않다면 뉴트럴 헤나를 사용한다.
- 가끔 모발을 튼튼하게 해주는 맥주 효모를 이용해 관리해준다.

TIP 염색은 머리카락과 두피에 나쁜 영향을 미칠 수 있다. 염색으로 생길 수 있는 문제를 방지하기 위해 일반적인 염색 제품보다는 천연, 미네랄, 식물성 염색 제품을 사용하자.

손상 모발

머리카락이 손상되고 갈라지고 끝이 건조해졌더라도 다시 되돌릴 방법은 얼마든지 있다.

- 꾸준히 헤어 마스크를 해줘 머릿결을 회복시켜준다.
- 머리카락을 튼튼하게 해주는 쇠뜨기나 대나무 추출물로 머리카락 끝을 특별 케어해준다.

윤기 없는 모발

모발에 생기를 되찾아주려면 좋은 헤어 제품을 선택해야 한다.

- 자작나무즙 또는 쐐기풀즙으로 만든 모발에 생기를 되찾아주는 로션을 바르고 몇 분간 마사지해준다.
- 반짝이는 머릿결은 우리 몸 안에서부터 만들어진다. 이를 위

해 함황 아미노산을 섭취해야 하는데 이는 채소와 콩과 식물에 많이 들어 있다. 캡슐 형태로 된 함황 아미노산을 하루에 2회 먹도록 한다.

\ 뷰티 토크 /

식물성 염색

천연 또는 천연 원료로 된 염색 제품은 유기농 식물성 염색 제품과 다르므로 혼동하지 말아야 한다. 유기농 매장에서도 주의 깊게 살펴봐야 한다. 식물성 제품인지 알고 싶다면 제품 보증서를 확인하면 된다.

식물성 염색 분야에 대한 연구가 점점 발전하고는 있지만 그럼에도 여전히 한계가 있다. 예를 들어 금발인 여성은 식물성 염색 제품으로는 브라운색으로 염색할 수 없다. 겨우 머리카락 몇 가닥만 염색되거나 약간의 명암 차이를 줄 뿐이다. 일부만 염색되지만 그 효과는 아주 자연스럽다. 머릿결이 아름답게 빛나며 두피도 전혀 손상되지 않는다.

아직도 연구가 필요하기 때문에 오늘날 식물성 염색 제품을 판매하는 기업은 거의 없다. 이러한 제품을 판매하는 주요 업체는 독일의 로고나와 마르카파르, 테르 드 쿨뢰르 정도다.

또한 식물성 염색은 방법이 다소 복잡하고 시간이 오래 걸리기 때문에 이 분야를 전문으로 다루는 미용사 역시 거의 없다. 하지만 앞으로 식물성 염색 제품의 발전이 계속 이루어지길 바란다. 화학 염색 제품은 두피를 손상시킬 뿐만 아니라 이를 사용하는 미용사들에게도 나쁘므로 대체재를 찾는 것이 중요하다.

에센셜 오일로
비듬 없애기

비듬을 없애는 것은 의외로 아주 간단하다.

- 샴푸할 때 레몬, 유칼립투스 라디아타, 스파이크 라벤더, 라반
  딘 슈퍼, 팔마로사, 클라리세이지, 티트리, 타임(리날롤 또는 게
  라니올), 로즈메리(버베논 또는 시네올) 등의 항균 에센셜 오일을
  2방울만 더해주면 된다.

• 뷰티 레시피 Beauty recipe •

비듬 방지 헤어 마스크

호호바 오일 5스푼에 티트리 에센스 20방울을 섞어 젖은 머리
에 바르고 1시간 후 꼼꼼하게 헹궈낸다.

알로에 헤어 마스크

식물성 오일인 버진 오일은 손상된 머릿결을 회복하고 영양을 주는 헤어 케어로 매우 좋다. 햇빛이나 염색으로 손상된 모발, 건성 모발을 회복시켜주는 헤어 마스크로도 아주 유용하다. 유일한 단점은 헤어 마스크를 씻어내기가 어렵다는 점이다. 헤어 마스크를 한 후 머리카락이 무거워 보이지 않도록 2회 정도 샴푸를 해줘야 한다.

　알로에 라이트 헤어 마스크는 알로에 젤을 사용해서 씻어내기가 훨씬 쉽다. 알로에 젤 또한 모발에 활기와 수분을 공급해주고 보호막을 만들어준다.

재료:

- 유기농 매장에서 판매하는 알로에 젤 1~3스푼
- 포도 씨, 올리브, 참깨, 마카다미아, 피마자 등의 식물성 오일 1~3스푼
- 로즈메리(버베논 또는 시네올) 에센셜 오일 3~9방울

TIP 머리카락 길이와 머리숱에 따라 분량을 적당하게 조절해 사용한다.

만드는 법:

○ 알로에 젤과 자신이 선택한 식물성 오일을 같은 양으로 섞어준다.

○ 머리카락 길이에 따라 마스크팩 양을 정한다.

○ 모발을 튼튼하게 해주는 로즈메리 에센셜 오일을 첨가해줘도 좋다.

○ 만약 심한 건성 모발이라면 로즈메리 에센셜 오일 대신 샌달우드, 라벤더 또는 일랑일랑 에센셜 오일을 사용해도 좋다.

사용법:

○ 샴푸를 하기 전 두피 마사지를 해주고 젖은 머리카락에 마스크팩을 넉넉하게 발라준다.

○ 15~30분간 그대로 둔다.

○ 깨끗한 물로 충분히 헹군 후 샴푸 한다.

셀프 뷰티 네 번째 노트

그녀들의 피부:
홈메이드 스킨케어

My Natural
Beauty Book

얼굴은 아름다움과 젊음을 유지하기 위해

가장 많은 관리가 필요한 부분이다.

얼굴은 매일 관리해야 하며 관리 방법은 피부 타입에 따라 다르다.

여기서는 일반·민감성, 건성, 복합성, 지성

4가지 피부 타입에 따른 관리 방법을 제안하고자 한다.

이 중 자신에게 맞는 피부 타입을 분명 찾을 수 있을 것이다.

주름, 여드름, 다크서클 등 자신이 가진

크고 작은 피부 트러블에 대한 효과적이고 자연스러운

해결책 또한 찾을 수 있을 것이다.

피부 타입별
진단

적합한 관리를 하기 위해서는 자신의 피부 타입을 확인해야 한다. 피부마다 각각의 특징이 있으므로 피부 타입을 분류하는 것은 사실 불가능하다. 그래도 자신의 피부와 가장 비슷한 특징을 찾아야만 한다. 피부 타입별로 적합한 해결책을 살펴보도록 하자.

- 일반·민감성 피부: 일반적인 피부지만 약간 예민한 편이며 이따금 붉은 반점이 생기고 외부 자극에 상당히 민감하다.
- 건성 피부: 다소 건조한 편이며 특히 겨울에는 매우 건조하다.
- 복합성 피부: 이마, 코, 턱(T 존)이 번들거리며 뺨은 다소 건조한 편이다.
- 지성 피부: 전체적으로 얼굴이 다소 많이 번들거린다.

일반·민감성 피부

피부가 다소 예민한 편이며 이따금 얼굴에 붉은 반점이 생기고 따끔따끔하고 당기는 느낌이 든다. 추위, 햇빛, 바람, 오염 물질, 화장품 등 외부 자극에 취약하다.

피부 팁

- 알코올이 함유된 제품, 정제한 제품, 세정력이 강한 제품보다는 유기농 화장품을 사용한다.
- 워터 타입 클렌징을 사용하지 않는다.
- 피부에 영양을 공급하고 소염 효과가 있는 오메가3, 오메가6 같은 필수지방산이 풍부한 콘샐러드, 카놀라유, 호두 기름, 연어 등을 많이 섭취한다.

> **TIP** 호두 기름이나 카놀라유 등 유기농 식물성 오일 2스푼이면 오메가3 일일섭취량으로 충분하다.

식물성 오일 사용법

- 진정 효과: 스위트 아몬드, 달맞이꽃, 오일에 넣어 우려낸 라벤더, 금잔화, 알로에, 카모마일
- 보온 효과: 코코아버터, 시어버터, 망고버터
- 햇빛 차단: 코코넛, 호호바(햇빛에 오래 노출되는 경우 자외선 차단제를 추가해준다)

에센셜 오일 사용법

- 소독과 진정: 라벤더
- 에너지 보충과 보호: 로즈우드
- 가려움 진정: 로만 카모마일

세안 방법

- 클렌징

  씻어낼 필요 없는 순한 유기농 클렌징을 사용하고, 오렌지 꽃이나 위치 하젤, 카모마일 플로럴 워터로 마무리한다.

- 스크럽

  2~3주에 1번 스크럽해준다. 너무 자극적이거나 알갱이가 큰 제품은 피한다. 아몬드, 코코넛 등 말린 과일 가루를 식물성 오일에 섞어서 사용하면 좋다.

> **Secret Note**
>
> "수분 공급을 해주는 마스크를 직접 만들어보자. 플레인 요구르트 1스푼에 라벤더 에센셜 오일을 섞어 얼굴에 바른 후 마사지해준다. 5분간 그대로 뒀다 씻어내면 피부가 한 결 부드러워진 것을 느낄 수 있을 것이다."

마스크 사용법

수분 공급을 해주는 순한 마스크를 고른다. 로즈 워터나 카모마일 워터에 적신 핑크 또는 화이트 클레이 마스크가 좋다.

알레포 비누

욕실의 보물이라고 할 수 있는 알레포 비누Aleppo soap는 머리부터 발끝까지, 머리카락이나 민감한 부위에도 사용할 수 있다. 수 세기 전부터 이어지고 있는 알레포 비누는 명성 또한 자자하다. 시리아 알레포가 원산지며 전 세계에서 생산되는 모든 고형비누의 근원이다.

올리브 오일과 월계수로 만드는 알레포 비누는 7개월 동안이나 공기 중에 노출시켰다가 사용한다. 그동안 비누는 굳어지고 녹색에 가까운 브라운 색을 띠게 된다. 욕조 가장자리에 생기는 곰팡이 자국과 같은 색이라는 느낌이 들겠지만 이 점이 알레포 비누의 유일한 단점이다.

알레포 비누는 건성 피부와 민감한 피부에 좋으며, 상처를 소독해 치료해주는 효능이 있다. 아주 끈적끈적한 성질을 가진 알레포 비누는 몸을 따끔따끔하게 하거나 건조하게 하지 않고, 몸을 씻으면서도 수분과 영양을 공급해준다. 피부과 의사도 치료의 보충 수단으로 알레포 비누를 권장한다. 알레포 비누는 건선, 습진, 여드름, 사상균증을 효과적으로 예방해준다. 또한 면도용 거품과 얼굴 케어 마스크로도 이용된다. 알레포 비누를 매일 사용하면 각질이 제거되어 부드럽고 매끄러운 피부가 된다.

로즈 스크럽

일부 식물의 천연 원료는 화장품으로 이용할 수 있는 특별한 성질 덕분에 피부의 가장 좋은 친구로 대접받는다. 민감성 피부 세안을 위한 이 스크럽 레시피에는 가장 유명한 5가지 재료인 장미, 귀리, 우유, 아몬드, 로즈우드가 들어간다.

재료:

- 말린 장미 꽃잎 2티스푼
- 빻은 귀리 4스푼
- 밀크 파우더 또는 코코넛 밀크 파우더 4스푼
- 아몬드 파우더 4스푼
- 스위트 아몬드 같은 식물성 오일
- 로즈우드 또는 라벤더 에센셜 오일 10방울

만드는 법:

- 알갱이로 된 파우더를 만들기 위해 말린 장미 꽃잎과 빻은 귀리를 섞어준다.
- 이 파우더를 500mL 용량의 병에 넣어주고 밀크 파우더와 아몬드 파우더도 넣어준다.

- 향을 위해 로즈우드 또는 라벤더 에센셜 오일을 10여 방울 넣어줘도 좋다.
- 병뚜껑을 닫고 힘차게 흔들어준다.
- 보관하기 위해 병보다 작은 통에 옮겨 붓는다.
- 이 스크럽 파우더는 실온에서 보관한다.

사용법:

- 스크럽을 사용할 때는 딱 1스푼만 떠서 작은 잔에 담고 꿀 정도의 농도가 되도록 스위트 아몬드 오일을 충분히 부어준다.
- 얼굴에 바르고 스크럽해준다.
- 미지근한 물로 씻고 로즈 워터 토닉을 발라준다.
- 마스크 효과를 내려면 스크럽하기 전에 내용물을 얼굴에 바르고 몇 분 동안 그대로 둔다.

알로에 아몬드 젠틀 마스크

클렌징과 수분·영양 공급뿐만 아니라 피부에 활력을 줘 매
끄러운 피부를 만들어주는 마스크다.

재료:

- 알로에 젤 1티스푼
- 아몬드 파우더 1티스푼
- 스위트 아몬드나 올리브, 호호바 오일 1티스푼
- 라벤더 또는 라반딘, 페티그레인, 일랑일랑, 제라늄 등
  에센셜 오일 3방울

만드는 법:

- 알로에 젤과 아몬드 파우더를 농도가 짙은 반죽이 되도록 섞어준다.
- 영양을 주기 위해 스위트 아몬드나 올리브, 호호바 오일 1티스푼을 넣어준다.
- 피부를 맑게 해주는 라벤더 또는 라반딘, 탄력을 주는 페티그레인, 일랑일랑, 제라늄 등 에센셜 오일 3방울을 넣어주면 좋다.

사용법:

- 얼굴에 두껍게 바르고 10~15분 정도 그대로 둔다.
- 원을 그리듯이 스크럽한 후 마스크를 제거하고 깨끗한 물로 씻어낸다.

데이 & 나이트 피부 케어

일반 · 민감성 피부는 완벽한 수분 공급이 필요하다. 피부가 건조해지면 피부 장벽이 약화되고 피부를 자극할 수 있는 물질 통과가 더 쉬워진다. 도시에 살고 있다면 오염 물질 등이 이에 해당한다. 바다나 산 가까이 살고 있다면 공기가 피부에 맑은 산소를 공급해주지만 추위와 바람은 피부를 건조하게 만든다. 따라서 약한 모세혈관을 강화하고 피부를 보호하기 위해 유기농 영양크림이 필요하다. 계절에 따라 자외선 차단제 역시 필요하다.

TIP 민감한 피부를 진정시키려면 호호바 오일 30mL, 카모마일 에센셜 오일 3방울, 네롤리 에센셜 오일 3방울을 섞어 물기가 있는 피부에 발라준다.

데이 케어

수분과 영양 성분이 포함된 유기농 영양크림을 사용해야 한다. 식물성 오일, 버터, 글리세린 그리고 피부에 자극을 주는 방부제나 에센셜 오일 등이 최소로 들어간 제품이어야 한다.

나이트 케어

알로에베라 젤 또는 실리카 젤을 수딩 세럼과 함께 사용한다. 피부가 효과적으로 독소를 제거할 수 있도록 가끔 피부를 쉬게 해줄 필요도 있다. 클렌징 후 식물성 오일로 부드럽게 마사지해주는 것이 좋다.

건성 피부

건성 피부는 피부 표층, 즉 외부 자극과 마주하는 첫 장벽인 각질층이 약해서 나타나는 현상이다. 추위, 건조한 공기, 석회질 성분의 물, 뜨거운 물, 세정력이 강한 제품은 피부를 더 약하게 만든다. 건성 피부는 가벼운 염증이 생기거나 각질이 일어나는 경향이 있다. 잔주름이 잘 생기기도 한다. 따라서 편안하면서도 주름을 방지해줄 해결책이 필요하다.

피부 팁

- 알코올이 함유된 제품보다는 유기농 화장품을 선택한다.
- 햇빛은 피부의 조기 노화를 촉진하는 산화 작용을 하므로 햇빛으로부터 피부를 보호해야 한다.
- 냉난방이 지나치게 심한 장소는 피한다.
- 미네랄 성분이 거의 없는 여과한 물을 매일 1.5ℓ씩 마신다.
- 양배추, 키위, 해조류, 브로콜리, 유기농 붉은 사과, 생 꽃가루, 보리즙 같은 항산화 식품을 꼭 챙겨 먹도록 한다.
- 스피룰리나에 들어 있는 비타민과 미량원소를 섭취한다. 해조류에는 베타카로틴이 매우 풍부하며 피부에 생기를 준다.
- 청어, 정어리, 연어, 송어 등 기름기 많은 생선, 밀 배아, 보리지, 유채, 호두, 올리브 오일 같은 필수지방산을 많이 섭취한다.

TIP 발진성 피부병이 생긴 경우 붉은 반점이 사라질 때까지 매시간 레몬 에센셜 오일을 2방울씩 발라준다. 단 레몬 에센셜 오일은 감광성 물질이기 때문에 햇빛에 노출되면 안 된다.

- 피부를 관리하고 음식에 신경 쓸 시간이 없다면 매일 아마 씨 오일 1스푼 또는 효모 식품을 바탕으로 한 보충제를 섭취한다.

식물성 오일 사용법

- 영양 공급: 아르간, 달맞이꽃, 시어버터, 망고버터
- 노화 방지: 보리지, 밀 배아
- 각질 제거: 아보카도, 보리지

에센셜 오일 사용법

- 피부 활력과 주름 예방: 로즈우드, 당근
- 소독과 재생: 로즈 제라늄, 일랑일랑

세안 방법

- 클렌징

  피부에 편안함을 주는 유기농 클렌징 밀크를 사용한다. 워터 타입 클렌징은 사용하지 않는 것이 좋다. 장미 또는 오렌지 꽃 플로럴 워터로 마무리한다.

- 스크럽

  2~3주마다 크림 타입인 스크럽 제품을 얇게 바르고 원을 그리듯이 부드럽게 마사지해준다. 씻어낸 후 플로럴 워터로 마무리한다.

마스크 사용법

죽은 각질을 제거하고 피부 결을 정돈해주면 피부는 새로운 성분을 받아들일 준비를 한다. 데이크림 또는 나이트크림처럼 영양 마스크를 바르고 많이 발린 부분은 닦아낸다.

데이 & 나이트 피부 케어

피부가 건조해지면 피부 장벽이 약화되고 피부를 자극할 수 있는 물질 통과가 더 쉬워진다. 도시에 살고 있다면 오염 물질 등이 이에 해당한다. 바다나 산 가까이 살고 있다면 공기가 피부에 맑은 산소를 공급해주지만 추위와 바람은 피부를 건조하게 만든다. 따라서 약한 모세혈관을 강화하고 피부를 보호하기 위해 유기농 영양크림이 필요하다. 자외선 차단제 역시 잊지 말자.

데이 케어

피부에 수분과 영양을 공급하고 보호해준다. 피부의 수분을 보호하기 위해 예를 들어 실리카 젤 또는 글리세린, 요소 또는 알로에베라로 만든 유기농 수분크림을 발라준다. 크림을 흡수시킨 후 자신에게 적합한 식물성 오일로 마무리한다.

나이트 케어

우리 피부는 밤에 회복·재생되기 때문에 생기를 되찾아주는 영양이 풍부한 세럼을 발라줘야 한다.

TIP 피부 상태에 따라 자신이 좋아하는 팔마로사, 로즈우드, 당근과 같은 식물성 오일에 에센셜 오일 2방울을 섞어 저녁마다 발라준다.

나이 든 피부를 위한 클렌징 에멀션

이 에멀션은 화장품을 제거하고 피부를 완벽하게 클렌징해주며, 수분을 공급해주는 효과가 있어서 피부를 부드럽고 촉촉하게 만들어준다.

재료:

- 알로에 젤 4스푼
- 스위트 아몬드 오일이나 기호에 따라 달맞이꽃, 아르간, 보리지, 호호바, 장미 나무 오일 2스푼
- 로즈 워터 1스푼
- 라벤더 에센셜 오일 5방울
- 페티그레인 에센셜 오일 5방울

만드는 법:

- 볼에 알로에 젤과 로즈 워터를 넣고 거품기로 섞어준다.
- 식물성 오일과 에센셜 오일을 더해준다.
- 펌핑해서 쓸 수 있는 용기에 붓는다.
- 라벤더와 페티그레인 에센셜 오일을 넣으면 실온에서 2~3개월 정도 보관이 가능하다.

사용법:

- 클렌징 밀크처럼 사용한다.
- 이 클렌징 에멀션은 안정적이지 않아서 작은 물방울이 맺힐 수 있다. 따라서 사용 전에 흔들어주어야 한다.

로즈 뷰티 오일

5~6월이 되면 정원 가득 장미가 핀다. 꽃의 여왕인 장미가 우리에게 주는 혜택과 부드러움을 놓친다면 매우 안타까운 일이다. 가장 향기롭고, 가능하다면 색이 가장 짙은 장미 꽃잎을 따서 로즈 오일을 만들어보자. 이 오일은 얼굴뿐만 아니라 바디 오일로도 사용할 수 있다. 특히 나이 든 피부, 지치고 민감한 피부에 적합하다.

재료:

- 농약을 치지 않은 장미 꽃잎 한 움큼
- 유기농 제품인 향이 강하지 않은 헤이즐넛, 해바라기 씨, 포도 씨, 스위트 아몬드 등 식물성 오일 100mL
- 로즈 제라늄 또는 제라늄 버번 에센셜 오일 20방울

만드는 법:

- 장미 꽃잎 추출물을 잘 보존하기 위해 깨끗한 천 위에서 1~2일 동안 말린다.
- 200mL 정도의 용량을 담을 수 있는 깨끗한 병에 잘 말린 장미 꽃잎을 넣는다.

- 장미 꽃잎을 식물성 오일에 완전히 담가준다. 장미 꽃잎을 너무 촘촘하지 않게 해 모든 꽃잎이 오일로 덮이게 한다.
- 병을 닫고 2~3주 동안 햇빛에 노출시킨 채 둔다. 가끔 흔들어주는 것도 좋다.
- 2~3주가 지난 후 추출물을 천이나 커피 필터로 걸러낸다. 오일이 끈적끈적하기 때문에 시간이 꽤 오래 걸릴 수 있다.
- 장미 향을 더 강하게 하고 오일을 잘 보존하기 위해 제라늄 에센셜 오일을 넣어준다.
- 걸러낸 내용물은 병에 담고 뚜껑을 잘 닫은 후 어두운 실온에서 보관한다.
- 민감성 피부라면 카모마일 꽃 또는 데이지를 장미 꽃잎과 함께 섞어준다. 오일이 더 부드러워진다.

말린 과일 마스크

겨울이 되면 과일 철이 아니기 때문에 선택할 수 있는 과일 폭이 제한된다. 하지만 우리에게는 신선한 과일의 좋은 점을 그대로 간직하고 있으면서도 수분과 당도, 항산화 물질, 점액 등이 한껏 높아진 햇빛에 잘 익은 말린 과일이 있다는 사실을 잊지 말아야 한다. 유기농 말린 과일이 가장 좋고, 적어도 이산화황이 들어가지 않은 제품을 사용하도록 하자. 말린 과일 때문에 알레르기 반응이 생기면 안 되기 때문이다.

재료:

- 살구, 무화과, 씨를 제거한 대추, 포도, 크랜베리 등 말린 과일 한 줌
- 따뜻한 물 또는 따뜻한 우유 1잔

만드는 법:

- 따뜻한 물 또는 따뜻한 우유에 말린 과일을 넣어 부드럽게 만든다.
- 말린 과일이 물렁물렁해지면 물기를 제거하고 반죽이 고르게 되도록 믹서에 갈아준다.

사용법:

- 얼굴에 바르고 20~30분 동안 그대로 둔다.
- 미지근한 물로 씻어내고 로즈 워터 토닉으로 마무리한다.

복합성 피부

복합성 피부의 경우 얼굴의 중앙 부분(이마, 코, 턱)이 다른 부분, 특히 뺨에 비해 많이 번들거리는데 이는 중앙 부분에서 피지 분비가 더 많기 때문이다. 게다가 뺨은 건조하거나 심지어 각질이 벗겨지는 증상을 보인다. 예민한 피부라면 붉은 반점이 생기기도 한다. 피부를 편안하게 해 피지 분비를 조절해주어야 한다.

피부 팁

- 알코올이 함유된 제품보다는 유기농 화장품을 선택한다.
- 인내심을 가지고 꾸준히 피부를 관리해준다.
- 디톡스 치료를 꾸준히 해주면 그 효과가 곧 나타날 것이다. 피부에 생기를 되찾아주고 염분 제거와 디톡스 효과가 있는 자작나무즙을 사용해보자. 우리 몸 안의 체액과 세포 내 독소를 정화해준다.
- 굴, 민들레, 호두, 아몬드, 달걀, 생선, 송아지 간 등 아연이 풍부한 식품을 먹는다. 여드름 예방에도 좋은 아연은 면역 체계에 활력을 주고 상처 치료에 도움을 준다.
- 피부 기능의 균형을 맞춰주는 맥주 효모와 밀 배아를 먹는다.
- 피지 과다 분비를 줄여주는 비타민 A가 풍부한 과일, 노란색과 오렌지색 채소, 양배추 같은 녹색 잎채소를 자주 먹는다.
- 번들거리는 부분에 여드름이 난다면 원인이 될 수도 있는 우

유와 유제품 섭취를 줄여보자.

식물성 오일 사용법
- 피부 정화: 헤이즐넛
- 프리오일한 영양 공급: 살구 씨, 마카다미아
- 영양 공급 및 보습: 시어버터, 망고버터
- 피부 재생: 아르간

에센셜 오일 사용법
- 피부 정화 및 진정 · 재생: 라벤더, 로즈우드, 오렌지 나무에서 추출한 페티그레인, 로즈 제라늄
- 번들거림 방지: 자몽

TIP 자몽 에센셜 오일 역시 햇빛에 노출될 때는 절대 사용해서는 안 된다.

세안 방법
- 클렌징
  순한 밀크 타입과 클렌징 젤을 번갈아가며 사용한다. 복합성 피부에 적합한 유칼립투스, 오렌지 나무, 라벤더를 베이스로 한 플로럴 워터 또는 로즈 워터로 마무리한다.
- 스크럽
  부드러운 알갱이로 된 제품과 크림 타입의 스크럽을 15일마다 번갈아가며 사용한다.

마스크 사용법

- T 존 부분과 뺨과 목 부분은 각각 따로 관리한다.

  T 존: 화이트 클레이 마스크

  뺨과 목: 영양과 수분을 공급해주는 마스크

- 15분 동안 마스크를 그대로 둔다.
- 마스크를 씻어내고 플로럴 워터로 마무리한다.

데이 & 나이트 피부 케어

피부가 건조해지지 않게 해야 한다. 피부가 건조해지면 피부 장벽이 약화되고 피부를 자극할 수 있는 물질 통과가 더 쉬워진다. 도시에 살고 있다면 오염 물질 등이 이에 해당한다. 바다나 산 가까이 살고 있다면 공기가 피부에 맑은 산소를 공급해주지만 추위와 바람은 피부를 건조하게 만든다. 따라서 약한 모세혈관을 강화하고 피부를 보호하기 위해 유기농 영양크림이 필요하다. 계절에 따라 자외선 차단제 역시 필요하다.

데이 케어

복합성 피부는 피지 조절 기능을 하는 액상 타입 뿐만 아니라 야외활동을 할 때 사용하는 유기농 수분크림도 필요하다. 수분 관리를 바탕으로 수분 관리와 특별 관리를 번갈아가며 하는 것이 좋다.

TIP 피부가 스스로 독소를 제거할 수 있도록 가끔 며칠씩 전혀 관리하지 않고 피부를 쉬게 해줄 필요도 있다. 또는 자신에게 적합한 식물성 오일로 부드럽게 마사지만 해준다.

나이트 케어

알로에베라 젤 또는 실리카 젤이면 충분하다. 알
로에베라 젤은 복합성 피부에 가장 적합한 제
품이다. 피부를 깨끗하게 해주고 각질을 가볍
게 제거해주면서 수분감도 뛰어나기 때문이다.
당기는 느낌을 주지 않으려면 알로에베라 젤의
반을 식물성 오일에 희석해서 써도 좋다.

Secret Note
"피부 깊숙한 곳까지 씻
어내기 위해 가끔 터키식
사우나를 이용해라."

＼ 뷰티 토크 ／

터키식 사우나

얼굴을 위한 미니 클렌징, 터키식 사우나는 피부 깊숙한 곳까지 깨끗하게
씻어내 준다.
가능하다면 정원에서 딴 타임, 로즈메리, 라벤더, 샐비어, 민트, 레몬밤, 웜
우드 등의 향료식물을 큰 냄비에 한 줌 넣고 달인다. 향료식물이 없다면
기호에 따라 라벤더, 유칼립투스, 로즈 제라늄 등 에센셜 오일 3~4방울을
끓인 물에 넣어준다.
냄비 위에 얼굴을 두고 머리를 수건으로 감싸 5분 정도 아로마 증기를 쐰
후 수건으로 얼굴을 가볍게 닦아주고 스크럽한다.

알로에베라

북아프리카가 원산지인 알로에베라aloe barbadensis는 고대부터 내려온 가장 유명한 약용 식물이다. 천연의 보고인 알로에베라에는 우리 몸에 없어서는 안 되지만 직접 만들 수 없는 식물성 스테로이드, 아미노산, 비타민, 무기질이 들어 있다. 또한 면역 체계에 활력을 줄 뿐만 아니라 소독약, 항생제, 살균제, 살진균제, 소염제, 진통제, 강력한 상처 치료제, 수분 공급 역할을 한다.

알로에베라 사용법

- 즙: 위궤양, 피로, 자기 면역성 질환, 변비, 소화 장애, 혈액순환 문제, 포진 예방 또는 단순 독소 제거
- 캡슐: 일부 호흡기 알레르기 또는 피부 알레르기를 치료하고 모발 또는 피부 관리
- 젤: 가벼운 화상, 햇빛 화상, 베인 상처, 사마귀, 정맥류, 치질, 류머티스성 관절염, 가려움증, 습진과 같은 피부병 예방 및 수분 공급
- 오일: 가벼운 염증 예방과 모든 피부 타입 및 여드름 또는 민감성 피부 관리

알로에베라 재배하기

알로에베라는 유럽 남부 지역에서 자생하지만 햇빛이 덜 강한 지역 환경에 적응하며 화분에서도 잘 자란다. 베란다나 정원에서 물이 잘 빠지는 곳, 되도록 모래로 채운 땅에 심는다. 건조한 기후에 적합한 식물이지만 규칙적으로 지나치지 않을 만큼 물을 줘야 한다.

쉽고 빠르게 만드는 알로에 수분 에멀션

간단하고 경제적이며 효과적인 페이스 크림이다.

재료:

- 헤이즐넛 1개 크기만큼의 알로에 젤
- 같은 양의 아르간, 아몬드, 살구, 참깨 등 식물성 오일

만드는 법:

- 손을 움푹하게 해서 재료들을 섞어준다.

사용법:

- 아침저녁으로, 또는 아침이나 저녁에 얼굴에 바른다.

세안을 위한 가루비누

새로운 형태인 가루비누는 아주 가볍게 스크럽할 수 있고, 마치 고형 비누로 세안하듯 쓸 수 있다. 여기에는 천연 화장품에 가장 많이 이용되는 아몬드와 붓꽃 파우더가 들어간다.

재료:

- 아몬드 파우더 4스푼
- 붓꽃 파우더 1스푼

만드는 법:

- 아몬드 파우더를 곱게 갈아준다.
- 붓꽃 파우더를 넣고 잘 섞어준다.
- 뚜껑이 있는 작은 병에 붓고 실온에서 보관한다.

붓꽃 파우더 만드는 법:

- 정말 효과적이고 기분 좋은 제비꽃 향이 나는 붓꽃 파우더를 시중에서 살 수 없다면 직접 만들어 쓸 수도 있다. 봄에 붓꽃의 뿌리줄기를 따 흙이 묻은 부분을 잘 씻어준 후 네모나게 썰어서 햇빛에서 말린다.

- 잘 마르면 가루가 되도록 갈아준 후 파우더로 만들어 서 밀폐된 용기에 보관한다.

사용법:

- 작은 잔이나 손을 움푹하게 해서 파우더를 약간 떠 넣 은 후 물이나 로즈 워터로 적셔준다.
- 이렇게 만든 반죽을 세안할 때 비누처럼 사용한다.

지성 피부

피부에 유분이 있는 편이며 전체적으로 피지 분비가 많아 번들거리고 생기가 없어 보인다. 넓어진 모공 때문에 피부 결이 다소 거칠어 보이고 각질이 심해 블랙헤드와 화이트헤드가 생긴다.

피부 팁

- 알코올이 함유된 화장품 또는 아스트린젠트 성분이 너무 강한 화장품 사용을 피하고 유기농 화장품을 사용하도록 한다.
- 알갱이가 거친 스크럽 제품을 사용하면 피부를 보호하려 피지 분비가 더 심해지니 유의해야 한다.
- 화장할 때는 모공을 막지 않는 가벼운 미네랄 파우더나 브론징 파우더를 고른다.
- 상처가 더디게 아물고 세균 증식 위험이 있으니 여드름에 손을 대지 않는다.
- 피부 상처가 아물고 가벼운 염증을 가라앉히는 데 도움을 주는 알로에베라 젤을 꾸준히 발라준다.
- 햇빛은 피부를 건조하게 해서 일시적으로 여드름이 낫게 하지만 휴가에서 돌아오면 여드름이 더 악화될 수 있다. 햇빛으로부터 피부를 보호하자.
- 몸속 독소를 정화해주는 디톡스 치료를 규칙적으로 해준다. 강력한 정화 효과가 있는 자작나무즙, 자몽 씨 추출물, 야생팬지 또는 우엉을 사용해보자. 치료 초기에는 여드름이 나기

도 하지만 곧 사라지니 실망할 필요는 없다.

- 굴, 민들레, 호두, 아몬드, 달걀, 생선, 송아지 간 등 아연이 풍부한 식품을 먹는다. 여드름 예방에 좋은 아연은 면역 체계에 활력을 주고 상처 치료에도 도움을 준다. 아연 보충제를 이용한 치료는 여드름의 50%를 제거해준다.

- 기름진 음식 특히 케이크, 비스킷, 초콜릿 바, 가공한 햄 등 나쁜 지방이 든 식품이나 유제품을 지나치게 섭취하지 않도록 주의한다.

- 감귤류 주스를 규칙적으로 마신다. 위가 건강한 경우에는 하루에 레몬 1개를 섭취하기를 권한다.

- 여드름과 함께 생리 주기에 문제(주기가 길어지거나 불규칙, 생리통, 생리 전 증후군)가 있다면 3개월 동안 매일 달맞이꽃 오일 캡슐을 2알씩 먹어보자. 전반적으로 나아지는 것을 느낄 수 있을 것이다.

TIP 오레가노 또는 유칼립투스를 증류한 향료 2스푼과 1.5ℓ의 물을 매일 마신다.

식물성 오일 사용법
- 피부 정화: 헤이즐넛
- 오일프리한 영양 공급: 호호바, 마카다미아, 살구 씨
- 영양 공급 및 보습: 시어버터

에센셜 오일 사용법
- 피부 소독: 티트리, 라벤자라, 라벤더, 자몽, 파출리

세안 방법

• 클렌징

가벼운 질감의 무스, 젤 타입의 유기농, 무향 제품의 비누 또는 알레포 비누를 주 2~3회 사용한다. 유칼립투스와 티트리, 위치하젤 또는 라벤더 플로럴 워터로 마무리한다.

TIP 자신에게 적합한 식물성 오일에 가는 소금을 넣어서 얼굴을 마사지해보자.

• 스크럽

부드러운 스크럽 제품으로 규칙적으로 해준다.

마스크 사용법

• 그린 클레이 마스크를 20분 동안 얼굴에 올려둔다.
• 수분 공급 마스크와 피지 조절 마스크를 15일마다 번갈아가며 사용한다.
• 씻어낸 후 플로럴 워터로 마무리한다.

데이 & 나이트 피부 케어

지성 피부더라도 피부가 건조해지지 않게 해야 한다. 피부가 건조해지면 피부 장벽이 약화되고 피부를 자극할 수 있는 물질 통과가 더 쉬워진다. 도시에 살고 있다면 오염 물질 등이 이에 해당한다. 바다나 산 가까이 살고 있다면 공기가 피부에 맑은 산소를 공급해주지만 추위와 바람은 피부를 건조하게 만든다. 따라서 약한 모세혈관을 강화하고 피부를 보호하기 위해 유기농 수분크림이 필요하다. 계절에 따라 자외선 차단제 역시 필요하다.

데이 케어

되도록 액상 타입의 제품으로 피부를 보호하고 깨끗하게 해주며 피지를 조절해주는 특별 관리가 필요하다.

나이트 케어

상처가 아물게 도와주는 세럼 또는 알로에베라 젤, 실리카 젤을 사용한다.

여드름 예방 클레이 찜질팩

클레이 찜질팩은 청소년이나 성인 여드름에 적합하다. 클레이는 어린 피부와 여드름 피부에 가장 효과적인 천연 성분 중 하나다. 세균과 불순물을 흡수하고 피부에 생기를 되찾아주며 모공을 수축시켜주고 상처 치료에 도움을 준다. 그러므로 여드름이 나는 사람에게 1주일에 1번씩 클레이 마스크 특히 그린 클레이를 사용할 것을 추천한다. 하지만 1주일에 1번 이상 마스크를 사용하면 피부가 건조해질 수 있으니 주의하자. 다음은 피부가 건조해질 염려 없이 클레이의 효과를 매일 누릴 수 있는 레시피다.

재료:

- 그린 또는 화이트 클레이 반죽 1티스푼
- 튜브에 든 알로에 젤 1티스푼
- 티트리, 라벤자라, 월계수, 라반딘 또는 라벤더 에센셜 오일 6방울

만드는 법:

○ 이미 만들어진 제품이나 미네랄워터, 로즈 워터로 클
레이 파우더를 적셔서 미리 반죽을 준비한다

○ 작은 잔에 클레이와 알로에 젤을 섞고 에센셜 오일을
넣어준다. 에센셜 오일의 반 또는 전체 양을 천연 항생
제인 액상으로 된 자몽 씨 추출물로 대신해도 좋다.

○ 프로폴리스 추출물 2~3방울을 넣어주면 더 효과적이다.

○ 섞인 내용물을 뚜껑이 있는 작은 병에 넣어 실온에서
1~2주간 보관한다.

사용법

○ 저녁마다 여드름이 난 부위에 조금씩 바르고 밤새 마
르도록 그대로 둔다.

○ 이 레시피는 포진으로 인한 상처(구순포진) 치료에도
적합하다. 단, 라벤자라, 티트리 또는 월계수 에센셜
오일을 사용해야 한다.

피부 트러블
진정시키기

피부 당김 현상

피부를 부드럽고 편안하게 해주기 위해 사향 장미, 씨벅턴, 아르간, 살구 또는 참깨 식물성 오일과 실리카 젤 또는 알로에베라 젤을 섞어 사용한다. 무엇보다 피부에 수분을 공급해주는 것이 가장 중요하다.

피부 속 당김 없애려면
- 부드러운 질감과 지속력이 좋은 유기농 화장품을 사용한다.
- 수분 부족으로 생기는 작은 잔주름을 방지하기 위해 유기농

안티 링클 케어를 한다.
- 샤워나 목욕 후 피부를 잘 말려주고 문지르지 않는다.
- 하루에 물 1.5ℓ를 마시도록 한다.

TIP 피부 당김 현상을 방지하기 위해 플로럴 워터, 글리세린, 식물성 오일을 똑같은 비율로 섞어 로션을 만들어 사용하자.

붉은 피부

코, 뺨, 이마, 턱이 붉어지고 가끔은 육안으로 작은 혈관이 보일 정도로 붉은 피부를 해결하기 위해 다음과 같이 해보자.
- 들장미, 웜우드, 사이프러스 하이드로졸 2스푼을 섞은 물을 매일 1.5ℓ씩 마신다.
- 식품 보충제 또는 혈관에 좋은 식물인 은행나무, 적포도, 피크노제놀, 마로니에를 섭취한다.

홍조를 약하게 하려면
- 매일 위치 하젤을 증류한 향료를 사용하거나 헬리크리섬 에센셜 오일로 관리한다.

번들거리는 얼굴

얼굴이 너무 번들거리는가? 하지만 그렇다고 피부를 건조하게 해서는 안 된다. 피부가 건조해지면 피지 분비가 더 활발해지기 때문이다.

얼굴 기름기를 잡기 위한 DIY 뷰티 마스크 레시피

- 클레이 마스크: 화이트 클레이 반죽에 로즈메리와 민트 에센셜 오일을 넣어준다.
- 허니 마스크: 여과한 물 1/2잔에 치료용 꿀(전나무, 생 프로폴리스) 1/2티스푼을 섞어준다.

TIP 화장을 할 때 피부색과 같은 자연스러운 색의 미네랄 파우더를 사용한다.

- 유기농 화장 솜에 묻혀 번들거리는 부위에 발라준 뒤 밤새 그대로 됐다가 마르면 닦아낸다.

모공확장

빠른 케어

- 찬물로 피부에 탄력을 준다.
- 로즈우드, 헤이즐넛 또는 시더를 증류한 향료로 피부를 닦아준다.

기본 치료

- 1주일에 1번 젖산과 클레이로 만든 마스크를 해준다.
- 매일 유기농 제품으로 관리해준다.

맑은 얼굴빛을 위한 스무디

신선한 딸기와 루바브를 같은 양으로 믹서에 갈아 아침저녁으로 마신다. 마누카 꿀을 1티스푼 넣어줘도 좋다.

블랙헤드

얼굴 사우나 해주기

- 끓인 물에 라벤더, 유칼립투스 라디아타, 라벤자라 에센셜 오일 2방울을 넣어준다.
- 물이 담긴 볼 위에 얼굴을 가까이 댄 후 15분간 그대로 있는다.
- 모공 사이로 나온 블랙헤드를 제거해준다.
- 소독약을 면봉에 묻혀 블랙헤드를 제거한 부위를 소독해준다.
- 마지막으로 칼로필럼 또는 헤이즐넛 식물성 오일에 티트리 에센셜 오일을 섞어 상처가 난 부위를 닦아준다.

TIP '얼굴 사우나'를 해주기 전에 약간의 호호바 오일로 마사지를 해주면 블랙헤드가 저절로 없어지기도 한다.

규칙적인 관리

시더 또는 주니퍼 베리를 증류한 향료로 매일 피부를 닦아준다. 티트리, 마누카, 라벤자라, 로즈우드, 로즈 제라늄 또는 제라늄 버번, 라벤더, 백단나무, 자몽 에센셜 오일을 주성분으로 해서 1주일에 2~3번 마사지해준다. 이 에센셜 오일 중 취향에 따라

TIP 상처가 잘 아물게 하려면 구리와 아연 성분의 미량원소가 든 액상 제품을 면에 적셔서 닦아준다.

총 12방울을 희석해서 사용하거나 자신에게 적합한 식물성 오일 2스푼과 섞어서 쓴다.

• 뷰티 레시피 Beauty recipe •

피부 상처 예방 마스크

로즈 워터에 적신 화이트 클레이 1스푼과 알로에베라 젤 1티스푼, 티트리 에센셜 오일 2방울, 자몽 씨 추출물 3방울을 섞어준다.

\ 뷰티 토크 /

티트리

오스트레일리아에서 자생하는 티트리tea tree는 가지와 잎이 길고 가늘며 여러 가지 장점이 있는 식물이다. 오스트레일리아 원주민들은 상처를 빨리 아물게 하고 혈액순환을 활발하게 하기 위해 아주 오래전부터 티트리를 사용해왔다.

티트리를 추출한 에센셜 오일은 소독 효과가 있고 세균 감염, 여드름, 사상균을 예방해준다. 따라서 피부 트러블을 위한 다양한 치료뿐만 아니라 탈취제로도 사용된다. 또한 호흡기 감염 예방에도 효과적이며 관절통과 근육통을 완화해준다.

티트리 오일의 용도

- 종기, 감염된 상처 치료
- 포진 치료
- 발 사상균증 치료
- 피부 염증 완화
- 요로 감염증을 포함한 전염병 치료
- 축적된 독소 감소
- 호흡기관 개선
- 천식 발작 진정
- 기관지염 방지
- 특히 티트리 오일을 2~3% 섞어서 운동 후 마사지하면 좋다.
- 목욕, 마사지, 디퓨저로도 사용할 수 있다.

TIP 임신 초기 3개월 동안은 티트리 오일을 사용해선 안 된다.

탄력 있고 맑은
피부 만들기

주름 예방

주름 예방 프로그램

아직 잔주름이 없다면 다행이지만 피부 노화를 예방하는 데 있어 너무 이른 때란 없다. 우리가 따라야 할 주름 예방 프로그램을 살펴보자.

- 수분 공급: 1년에 1~2회, 3주간 저녁에 안티 링클 케어를 해주거나 알로에베라 젤을 수분크림과 같이 발라준다.
- 주름이 생기는 것을 예방하기 위해 페이스 요가를 한다.

페이스 요가

탄력 있는 얼굴을 자연스럽게 유지하기 위해 페이스 요가를 하는 것이 좋다. 페이스 요가는 얼굴과 관련된 근육을 움직이는 운동이다. 우리 얼굴은 50개 이상의 근육으로 이루어져 있는데 우리 몸의 근육을 단련하는 것처럼 얼굴도 근육 훈련을 통해 단련할 수 있다.

꾸준히 페이스 요가를 해주면 얼굴 근육이 땅겨지면서 피부에 잃어버린 탄력을 되찾아줄 것이다. 얼굴은 나이와 중력, 호르몬 부족 흔적이 가장 먼저 느껴지는 곳으로 흔히 얼굴이 길어지거나 이중 턱, 광대뼈 부근이 처지는 현상 등이 나타난다.

잔주름 관리

약간의 잔주름이 있다면 아직 늦지 않았다.

- 규칙적으로 안티 링클 에멀션 또는 씨벅턴 오일이나 백합 오일, 시어버터를 발라준다.
- 페이스 요가를 시작해야 할 때이다. 얼굴 근육이 긴장했는지 의식하면서 긴장을 풀어주는 방법을 배워보자.
- 햇빛은 피부를 노화시키기 때문에 햇빛에 자주 노출되지 않게 주의한다.

주름을 예방해주는 식품

- 과일주스와 신선한 채소로 된 익히지 않은 음식을 자주 먹는다.
- 자신에게 적합한 음식 재료를 계절에 따라 사용한다: 토마토, 자몽, 오렌지, 파프리카, 파파야, 수박, 키위, 빌베리, 블랙 커

시어 나무

시어 나무shea tree 열매를 빻아서 볶은 후 가루로 만들면 화장품을 만들 때 사용하는 시어버터가 된다. 식물성이면서 카로틴, 비타민 A, E, F가 풍부한 시어버터는 얼굴, 몸, 머리카락 등에 사용할 수 있으며, 모든 타입의 피부와 모든 연령대에 적합하다.

시어버터의 부드럽고 매끄러운 질감을 만끽하려면 피부에 영양을 주고 피부의 탄력 회복과 보호를 위한 마사지에 사용하면 좋다. 운동 후 근육을 풀어줄 때 써도 된다. 주름이 생기는 것을 예방해주고 나이 든 피부, 건성 피부, 제대로 관리하지 않은 피부에 적합하다. 상처 치료에도 효과적이며 피부 궤양, 습진을 예방해주고 튼 살을 줄여준다. 또한 시어버터에 함유된 카로틴은 선탠해서 거칠어진 피부를 1년 내내 윤기 나게 유지해준다.

런트, 말린 자두, 당근, 아보카도, 망고, 멜론, 살구, 옥수수, 브로콜리, 아티초크, 강낭콩, 시나몬, 정향, 생강, 피칸, 올리브 오일

- 붉은 고기와 혈당을 빨리 올리는 음식은 자제한다. 대신 달걀 노른자와 간, 치즈를 섭취한다.
- 샐러드에 비타민 E가 아주 풍부한 밀 배아 오일 1/2티스푼을 더해준다.
- 녹차를 마신다.
- 아세로라 보충제, 생 꽃가루, 비타민 A, C, E, 셀레늄 복합 영양제 등으로 1년에 2번 항산화 케어를 받는다.

매일 하는 주름 예방 케어

- 세럼과 유기농 안티 링클 크림을 섞어 발라준다. 예를 들어 식물성 콜라겐인 아카시아 콜라겐을 베이스로 사용하면 천연 보톡스가 된다.
- 뷰티 마스크를 사용하거나 데이크림 또는 나이트크림을 바르기 전에 실리카 젤을 사용할 수도 있다. 실리카 젤은 피부를 팽팽하게 해주는 효과가 있다.
- 데이크림에 당근 또는 로즈우드 에센셜 오일 1방울을 더해줘도 좋다. 보리지, 아르간, 아보카도, 달맞이꽃 오일과 시어버터도 피부에 좋다.
- 피부를 단단하게 해주려면 사향 장미, 살구 같은 식물성 오일과 안디로바 또는 바바수 버터를 사용한다.
- 크림에 들어 있는 유효 성분만큼 크림을 바르는 방법도 중요하다. 주름의 수직 방향으로 살짝 꼬집어주듯 바른다.
- 뜨거운 물보다는 미지근하거나 찬물로 세안한다.
- 비상수단이 필요하다면 리프팅 침술을 받도록 한다. 좋은 결과를 볼 수 있을 것이다.

> **Secret Note**
> "나만의 안티 링클 비법은 활기를 주는 로열젤리 10g을 매주 마스크처럼 얼굴에 발라주는 것이다. 30분 뒤 씻어내면 정말 마법과 같은 결과가 나온다."

안티에이징, 미용침

미용침은 국소 부위와 피부 전반에 효과를 주는 안티에이징 기법이다. 중국의 전통 대체의학으로 충분한 의학적 질문을 통해 개개인이 필요로하는 부위에 침을 놓는다. 미용침은 피부의 노화를 늦추고 주름을 감소시키며 주름이 생기는 것을 예방한다. 또한 피부 조직을 회복시켜주고 얼굴을 빛나게 해준다.

각각의 주름이나 얼굴에 나타나는 특성에는 의미가 있다. 어떤 모양이나 방향으로든 우연히 생기는 주름은 없다. 침을 놓는 부위에 따라 신체적, 감정적, 심리적인 면에서 치료 효과를 볼 수 있다. 그래서 치료 후 환자들은 편안함을 느끼게 된다. 미용침 시술은 많이 감소했지만 그 효과는 아직도 입증되고 있다. 미용 면에서 매우 효과적이며 다른 방식과 결합하여 사용할 수도 있다.

미용침 시술 방법

- 국소 부위를 특수한 침으로 미니 리프팅해준다.
- 아주 정밀하게 침을 놓은 후 20~30분간 그대로 둔다. 전체적인 치료 시간은 1시간 미만이다.
- 영양 관리 및 화장품 선택에 대한 부분도 치료 시간에 포함된다.
- 침을 놓으면 국소 부위뿐만 아니라 전체적으로 효과가 나타난다. 침을 놓는 각 부위가 몸의 기 순환에 영향을 미치기 때문이다.
- 침은 국소 부위뿐만 아니라 전반적인 기 순환을 활발하게 해준다.
- 부작용이 없고 알레르기 반응도 없으며 개개인이 가진 몸의 기운을 존중한다.
- 중국 고대 문헌에 따르면 40세부터 얼굴 미용침 시술을 시작하는 것이 적합하다.
- 특별한 주의가 필요한 얼굴의 특정 부위에 시술한다.
- 3개월 동안은 1달에 1번씩 치료를 받고 그 이후에는 3개월에 1번씩 치료받기를 권한다.

안티 링클 케어 씨벅턴 열매 오일

씨벅턴 열매 오일은 탄력, 회복, 안티 링클, 기미 예방 등 놀라운 효과를 가지고 있다. 특히 지방산(오메가7, 오메가9)과 풍부한 비타민 E, 예외적으로 피토스테롤과 항산화 성분을 함유하고 있다. 씨벅턴 열매 오일은 탄력, 안티 링클, 안티에이징 등을 통해 피부를 효과적으로 관리해준다.

하지만 레드 브라운 색소가 함유되어 있어 피부를 일시적으로 물들인다. 따라서 10% 정도로 희석해서 사용하는 것이 좋으며 아주 적은 양을 사용해 피부에 잘 스며들게 한다.

최상의 효과를 위해 안티 링클로 잘 알려진 시스투스 에센셜 오일과 섞어서 사용한다. 초기 투자비용은 리치한 씨벅턴 열매 오일과 시트러스 에센셜 오일 때문에 약 60~70유로(약 8~9만 원) 정도가 든다. 하지만 안티 링클 케어 효과가 뛰어난 제품을 만들어놓으면 1년 이상 사용할 수 있다.

재료:

- 장미 나무, 달맞이꽃, 아르간, 아보카도 등 리치한 오일 15mL 또는 1스푼
- 호호바 오일 또는 왁스 15mL
- 씨벅턴 오일 2.5mL 또는 1/2티스푼
- 비타민 E 캡슐 5개 또는 비타민 E가 풍부한 오일
- 시스투스 에센셜 오일 6방울
- 페티그레인 에센셜 오일 6방울
- 로즈우드, 라벤더, 미르라, 벤조인, 일랑일랑, 제라늄 에센셜 오일 중 하나를 선택해서 6방울

만드는 법:

- 병에 오일들을 넣고 섞어준다. 펌프형 용기를 사용하는 것이 좋다.
- 그다음 에센셜 오일을 넣어주고 잘 섞이도록 흔들어준다.
- 사용하기 전 1~2일 동안 그대로 둔다.

사용법

- 데이크림을 바르기 전에 이 오일을 1~2방울 발라주고 저녁에는 조금 더 넉넉하게 발라준다.
- 잘 흡수되도록 마사지해준다.

빨리 만들어 쓰는 안티 링클 크림

비싼 크림에 돈을 들이지 않으면서 피부 노화를 방지하고 피부 케어 효과를 극대화하기 위해 5분 만에 준비할 수 있는 안티 링클 크림 레시피다.

재료:

- 수분크림 또는 콜드크림 타입의 유기농 베이스 크림 1회 분량
- 달맞이꽃, 사향 장미, 보리지, 밀 배아 같은 리치한 오일 몇 방울
- 시스투스 에센셜 오일 1방울

TIP 시스투스 에센셜 오일은 주름에 매우 효과적이지만 가격이 다소 비싸다(5mL 용량이 15유로, 약 2만 원 정도). 매번 1방울씩 사용하면 한 병에 50일 정도 쓸 수 있다. 구입하기 망설여진다면 가격이 덜 비싼 에센셜 오일(로즈우드, 제라늄, 버번, 일랑일랑, 클라리세이지)로 대체하거나 이 오일 중 하나와 시스투스 에센셜 오일을 번갈아가며 사용해라.

만드는 법:

- 얼굴, 목, 네크라인에 바르기 전 손을 움푹하게 해서
  모든 재료를 다 섞어준다.
- 아침저녁으로 사용한다.

색소침착 관리

일반적으로 주름과 함께 나타나는 색소침착을 피부과에서는 기미라고 부른다. 색소침착은 가벼운 증상이며 멜라닌 색소 생성이 증가하면서 나타난다. 주로 여성호르몬 과다(피임, 폐경, 임신 등)와 햇빛으로 야기되는 산화 과정에서 색소침착이 나타난다. 향수 사용도 기미가 생길 가능성을 증가시키니 주의해야 한다.

TIP 손등에 생기는 색소침착을 방지하려면 견과류, 아보카도, 올리브 오일, 감귤류, 붉은 파프리카, 녹색 파프리카, 아세로라 같은 항산화 식품을 꾸준히 섭취한다.

눈가 잔주름 예방

눈 아래 잔주름이 있는가? 삼지창을 옆으로 뉘인 모양의 주름이다. 이 주름을 없애려면 매일 특별 관리해줘야 한다. 결과는 자신이 얼마나 끈기 있는지에 달려 있다. 액상 타입의 제품을 선택해 눈 안쪽에서 바깥쪽으로 가볍게 두드리면서 발라준다.

• 뷰티 레시피 Beauty recipe •

안티 링클 주스

붉은 사과 2개, 씨를 제거한 블랙 체리 또는 잘 익은 딸기 5움큼, 신선한 민트를 블렌더에 넣고 갈아준다.

다크서클 없애기

다크서클의 원인을 없애는 것부터 시작해야 한다.

- 다크서클은 철분 부족으로 생긴다. 따라서 철분 보충제를 섭취하고 플랜틴 바나나 또는 수레국화 성분의 충혈 완화 로션을 사용해라.
- 눈 주위를 매끄럽고 깨끗하게 해주는 특별 유기농 관리를 매일 해줘야 한다.

눈 밑 주름 제거

눈 밑 주름은 다소 보기 싫지만 치료 가능하니 걱정할 필요 없다. 다음 세 가지 해결책을 제안한다.

- 충혈을 완화해주고 노폐물을 제거해주는 수레국화 마스크 또는 카모마일을 증류한 향료, 적신 카모마일 티백을 사용한다.
- 물을 많이 마신다.
- 일부 클리닉에서는 림프 제거를 제안하기도 한다.

색소침착 방지 오일

색소침착 관리는 햇볕이 쨍쨍 내리쬐지 않아 멜라닌 세포가 쉬는 시기인 겨울에 하는 것이 좋다. 색소침착 방지 오일은 관리를 시작하고 몇 주가 지난 후에야 효과가 나타나지만 첫 결과가 상당히 효과적이다.

재료:

- 백합 오일이나 달맞이꽃, 보리지, 장미 나무, 아보카도 오일 1티스푼
- 밀 배아 오일 1티스푼
- 페티그레인 에센셜 오일 10방울(또는 5%)

만드는 법:

○ 불투명한 작은 병에 백합 오일과 밀 배아 오일을 섞고
에센셜 오일을 더해준 후 잘 섞이도록 흔들어준다.

사용법:

○ 아침저녁으로 해당 부위에 몇 방울 바르고 잘 마사지
해준다.

○ 색소침착이 사라질 때까지 계속 관리해준다.

부드러운 아기 같은
피부 만들기

윤기 없는 피부

피부를 매끄럽게 해주는 셀프케어

- 1년에 2번, 10일 동안 저녁마다 얼굴에 사향 장미 식물성 오일을 발라준다.

- 자신이 좋아하는 플로럴 워터에 두스 앙제빈 스크럽을 1티스푼 섞어 몇 분 동안 원을 그리며 스크럽해준 후 씻어낸다.

- 약간의 로즈 플로럴 워터, 달맞이꽃 오일 1/2티스푼, 라벤더 에센셜 오일 3방울에 꽃가루를 1스푼 정도 희석시켜 얼굴과 몸에 바르고 20분 후 씻어낸다.

아기 피부 주스

오이 1/2개, 당근 1개, 시금치 2움큼 또는 스피룰리나 또는 클래머스 1티스푼을 넣고 갈아준다.

매끄러운 피부를 위한 생활 속 건강 관리

- 채소 섭취와 운동을 시작해보자. 체내의 산소 처리가 원활해지면 안색이 좋아지고 독소가 제거된다.
- 일찍 자도록 한다. 잠을 잘 자면 초췌한 얼굴이 맑아지고 얼굴이 다시 팽팽해질 것이다.
- 담배를 피운다면 긍정적인 생각을 하도록 하자.
- 샐러드를 먹는다. 루콜라, 민들레, 수영, 물냉이, 콘샐러드 등은 피부를 맑아지게 해준다.

TIP 매일 아침 공복에 당근즙과 레몬즙을 섞은 주스 1잔을 마신다.

피부를 밝게 해주는 셀프케어

- 매일 아침: 데이크림을 바르기 전에 피부에 화사함을 가져다주는 유분이 없는 세럼으로 얼굴을 마사지해준다. 이 마사지는 우리가 사용하는 크림만큼 중요하다. 손의 움직임은 부드럽게 그리고 항상 얼굴 위 방향으로 움직인다.
- 매일 저녁: 화장을 깨끗이 지우고 에센셜 오일에 세럼을 헤이즐넛 1/2 크기만큼 섞은 영양크림 타입 마스크를 헤이즐넛

1개 크기만큼 목과 얼굴에 나누어 발라준
후 밤새 그대로 둔다.

- 1주일에 1~2회: 스크럽 케어를 해준다.
파파인을 베이스로 한 효소로 된 각질 제
거 제품을 선택해 스크럽해주면 좋다.

디톡스 치료

볼 데르 자키에르 치료를 15일 동안 하면서 당근이나 호박 주스
를 마신다.

담배를 끊기 위한 긍정적인 생각

담배를 끊기 위해서는 굳은 결심과 긍정적인 생각이 필요하다. 담배를 끊어야겠다는 생각은 이미 행동의 시작이다. 긍정적인 생각을 위해 다음과 같이 해보자. 아래의 지침에 따라 한 문장을 준비해서 이 문장을 의식적으로 아침에 일어나서, 오후에, 저녁에 자기 전 매일 3번씩 되풀이해 되뇌어보자.

1. 일인칭을 사용하자. 예를 들어 '나는 이렇게 해야 한다'라고 말하자. '이렇게 해야만 한다' 또는 '이렇게 할 필요가 있다' 등의 표현은 사용하지 않는다.
2. 현재형 문장을 사용하자.
3. 시간이 흐름에 따라 매일매일, 차차 나아진다는 표현을 사용하자.
4. 긍정적인 표현을 사용하자. 문장의 형태(~하지 않는다, 더 이상 ~ 하지 않는다)나 내용(그만두다, 금지하다, 중지하다 등)에 어떠한 부정적 표현도 사용하지 않는다.
5. 결과를 시각화해서 문장과 연결한다.
6. 결과의 기쁨, 긍정적인 감정을 문장에 더해준다.

이러한 방법을 나 자신만을 위해 사용하자.

금연을 위해 사용할 수 있는 문장은 예를 들면 다음과 같다.

"나는 매일매일 담배로부터 벗어나 자유롭고 평온하게 숨 쉰다."

자, 이제 직접 문장을 만들어보자. 무엇보다 긍정적인 표현을 사용하자.

피부를 매끄럽게 해주는 스크럽

이 스크럽은 피부를 건조하게 하지 않으면서 깨끗하게 해준다. 매끄럽고 부드러운 피부로 만들어 마스크의 효과를 극대화시킬 수 있도록 준비해준다.

재료:

- 플레인 요구르트 1스푼
- 제과용 아몬드 파우더 1스푼
- 액상 꿀 1티스푼

만드는 법:

o 작은 잔에 모든 재료를 섞어준다.

사용법:

o 섞인 내용물을 얼굴에 발라주고 원을 그리며 마사지 해준다(1주일에 최대 1~2번).

o 깨끗한 물로 씻어낸다.

해조류 재생 마스크

피곤함에 지친 피부, 활력을 잃은 피부, 모든 피부 타입에 적합한 해조류 마스크를 만들어보자. 해조류에는 피부에 좋은 영양소가 놀라울 정도로 많이 농축되어 있고 미립자인 해조류 파우더는 생해조류보다 무기질이 5배나 더 많다. 해조류는 수분과 활력, 재생 효과가 있다.

재료:

- 모자반, 미역, 다시마, 켈프, 스피룰리나 등 기호에 따라 선택한 해조류 파우더 1스푼
- 일반, 지성 피부라면 알로에 젤 1/2스푼, 건성 피부라면 아르간, 달맞이꽃, 호호바, 올리브 등 식물성 오일 1/2스푼
- 라벤더, 페티 그레인, 로즈우드, 제라늄, 일랑일랑 등 기호에 따라 선택한 에센셜 오일 2방울

만드는 법:

- 해조류 파우더를 작은 잔에 넣고 걸죽한 반죽이 되도
  록 약간의 물이나 플로럴 워터를 더해준다.
- 알로에 젤 또는 오일을 넣은 후 에센셜 오일을 더해준다.

사용법:

- 얼굴에 바른 후 15분 동안 그대로 뒀다 깨끗한 물로
  씻어낸다.

트고 갈라지는 입술

입술은 항상 건조하고 1년 내내 튼다. 겨울에는 공기가 건조하고 기온이 내려가서 더 악화된다. 유일한 해결책은 입술에 항상 수분을 공급해주는 것이다.

- 알로에베라와 꿀을 섞어서 입술에 두껍게 발라준 후 밤새도록 둔다.
- 과거에 썼던 치료법으로는 입술을 보호해주는 피마자유가 있다. 더욱 강력한 효과를 위해 립밤 농도가 되도록 호호바 오일 또는 시어버터와 섞어 발라준다.

셀프 태닝의 비밀

빅사 오렐라나 파우더는 태닝한 피부를 연출하기 위해 우리가 사용할 수 있는 최고의 재료다. 아마존에서 자라는 식물이며 항산화 물질이 아주 풍부하다. 당근에 들어 있는 베타카로틴이 100배나 많다.

- 채소 또는 과일주스에 빅사 오렐라나 파우더를 하루에 1번 1티스푼을 타서 마신다.
- 햇빛으로부터 보호해주고 구릿빛 피부로 빛나게 해주는 천연 태닝 화장품이다.

셀프 DIY
레시피

셀프 태닝 마스크

재료:

- 달걀노른자 1개
- 요구르트 1스푼
- 당근 오일 1티스푼
- 당근 에센셜 오일 5방울

만드는 법:

- 달걀노른자와 함께 다른 모든 재료를 섞어준다.

사용법:

- 얼굴, 귀, 목, 필요하다면 상반신에 골고루 발라준다.
- 25분 동안 그대로 뒀다 꼼꼼하게 씻어 낸다.

TIP 햇빛에 노출되기 24시간 전에는 이 마스크를 사용하지 않는다.

어두운 안색

생기있는 핑크빛 얼굴을 갖고 싶은가? 불가능이란 없다.

얼굴빛을 밝게 하려면

- 며칠 동안 채소 수프와 노폐물을 정화해주는 체리 꼭지로 만든 허브티를 마신다.
- 매일 아침 미지근한 레몬주스 1잔을 마신다.
- 1주일에 1~2회 물기가 있는 얼굴에 퓨리파잉 크림을 바르고 피부에 자극을 주지 않으면서 죽은 각질 세포가 떨어지도록 약하게 마사지해준다.
- 생기를 되찾아주는 마스크를 해준다.
- 가끔 볼 데르 자키에르 치료법으로 디톡스 관리를 받는다.

반짝이는 피부 만들기

- 중탕을 한 미지근한 꿀로 마스크를 한 후 10분간 그대로 뒀다 씻어준다. 안티 링클 효과를 위해 로열젤리를 더해주면 좋다.

민감성 피부를 위한 수분 마스크

유기농 천연 요구르트 1스푼과 유기농 잉글리시 라벤더 에센셜 오일 1방울을 섞어 얼굴을 마사지해주고 5분 동안 그대로 뒀다 씻어낸다. K-필루스 요구르트와 사용하면 더욱 좋다.

밝은 얼굴빛 만들기

- 매일 아침 라벤더 에센셜 오일 몇 방울을 젖은 수건에 묻혀서 얼굴을 닦아준다. 눈가는 조심해서 닦는다.
- 셀프 비타민 마스크를 한다. 건살구를 구입하여 끓인 물이 담긴 볼에 5분 동안 담가둔다. 그다음 퓌레 형태가 되도록 믹서에 갈아서 얼굴에 펴 바른다. 15분 동안 그대로 뒀다 로즈워터로 씻어낸다.
- 페이스 스크럽을 한다. 말린 과일 파우더나 가는 소금에 올리브, 호호바, 스위트 아몬드 등 기호에 따라 식물성 오일을 섞어준다. 원을 그리며 부드럽게 마사지한 후 씻어낸다.

완벽한 얼굴빛을 갖게 해주는 딸기 마스크

지성 피부를 가진 여성부터 나이 든 여성까지 모든 여성에게 좋은 딸기는 피부를 깨끗하게 해주고 활력을 준다. 안티 링클, 주근깨 예방 효과도 있다.

마스크 재료:

○ 큰 딸기 3개

지성 피부를 위한 추가 재료:

○ 달걀흰자 1개
○ 꿀 1~2티스푼
○ 레몬즙 1티스푼
○ 천연 요구르트 1스푼
○ 화이트 클레이 파우더 1~2티스푼

기미 등 탄력 없는 피부를 위한 추가 재료:

○ 달맞이꽃, 장미 나무, 아르간 등 리치한 식물성 오일 1~2티스푼
○ 신선한 크림 1~2티스푼

민감성 피부 및 붉은 피부를 위한 추가 재료:

- 핑크 클레이 또는 화이트 클레이 파우더 1~2티스푼

만드는 법:

- 딸기 꼭지를 떼어내고 딸기를 갈아준다.
- 피부 타입에 따라 추가 재료를 넣어준다.

사용법:

- 내용물을 얼굴에 넉넉하게 발라주고 15~20분 정도 그대로 둔다.
- 깨끗한 물로 씻어낸다.

TIP 딸기 알레르기가 있다면 이 마스크를 사용해선 안 된다. 피부가 딸기에 내성이 있는지 먼저 손목에 테스트해본 후 사용하자.

그녀들의 화장품: 유기농 화장품 DIY

*My Natural
Beauty Book*

완벽하게 구비된 수많은 화장품,
특히 질 좋은 유기농 화장품이 넘쳐난다.
그런데도 왜 홈메이드 화장품이 필요한 것일까?
화장품 원료를 쉽게 구할 수 있고
더 신선한 제품을 사용할 수 있기 때문이다.
쉽고 빠르게 셀프 유기농 화장품을 만들어
건강하고 아름다운 피부를 만들어보자.

집에서 손쉽게 만들어 쓰는
천연 화장품

양질의 원료

화장품을 만들기 위해 우리가 사용할 수 있는 원료는 크게 세 가지가 있다. 물론 모든 원료는 유기농 제품을 선택하는 것이 무엇보다 중요하다. 특히 부적합한 첨가물이 없고 유전자를 변형시키지 않은 양질의 제품을 선택해야 한다. 물론 화장품에 들어가는 원료를 직접 선택하는 만큼 화학 첨가물과 알레르기를 유발하는 원료는 사용하지 말자. 대부분의 원료는 유기농 매장이나 약국, 여러 인터넷 사이트 등에서 살 수 있다.

- 식물성 오일, 에센셜 오일, 플로럴 워터
- 알로에 젤, 밀랍, 글리세린, 클레이

- 딸기, 오이, 바나나, 아보카도와 다른 수많은 과일과 우유와 요구르트, 달걀, 식초, 꿀, 밀가루와 밀기울, 빵 효모 등과 같은 식재료

TIP 저온에서 처음 짜낸 식물성 오일과 양질의 에센셜 오일을 선택하자.

쉽고 간단한 레시피

초급자도 쉽게 만들 수 있는 간단한 레시피로 에멀션, 오일, 스크럽, 팩 등 피부를 효과적으로 관리할 수 있는 다양한 종류의 화장품을 만들어보자.

- 쉽게 빨리 만들 수 있다. 크림, 비누, 마스크 등 가장 복잡한 레시피도 15분 정도밖에 걸리지 않는다. 가장 복잡한 레시피가 마요네즈를 만드는 정도의 수준이다.
- 손을 움푹하게 해서 사용하기 직전 준비할 수도 있다. 예를 들어 콜드크림이나 수분크림 타입의 유기농 뉴트럴 크림에 기호에 따라 리치한 오일과 에센셜 오일 몇 방울만 섞어주면 된다.
- 튜브에 든 알로에 젤을 헤이즐넛 1개 크기만큼 짜서 같은 양의 식물성 오일과 섞어주면 데이크림이나 나이트크림과 같은 즉석 에멀션을 만들 수 있다.

위생 및 보관

홈메이드 화장품을 만들 때 위생 부분은 신선한 원료와 깨끗한 도구면 충분하다.

- 크림, 밀크, 밤 타입의 제품을 오래 보관하려면 화장품을 만들기 전에 도구를 삶아주는 것이 좋다.
- 항산화, 항균 작용을 하는 라벤더, 페티 그레인, 로즈메리 등과 같은 에센셜 오일과 자몽 씨 추출물 0.5%를 더해주면 제품을 더 오래 보관할 수 있다.

용량 지키기

간단한 원칙만 따른다면 에센셜 오일과 같은 농축된 제품을 과잉 투여할 가능성은 극히 드물다. 화장품을 만들 때는 일반적으로 0.5~2% 농도를 유지한다. 용매(오일, 알코올) 1티스푼 또는 5mL 용량에 에센셜 오일 1방울과 같은 1% 농도를 유지하면 된다.

에멀션

빨리 만들어 쓰는 알로에 수분 에멀션

재료:

- 헤이즐넛 1개 크기만큼의 알로에 젤
- 같은 양의 아르간, 아몬드, 살구, 참깨 등 식물성 오일

만드는 법:

- 손을 움푹하게 해서 재료들을 섞어준다.

오일

/

로즈 뷰티 오일

재료:

- 농약을 치지 않은 장미 꽃잎 한 움큼
- 유기농 제품인 향이 강하지 않은 헤이즐넛, 해바라기 씨, 포도 씨, 스위트 아몬드 등 식물성 오일 100mL
- 로즈 제라늄 또는 제라늄 버번 에센셜 오일 20방울

만드는 법:

- 장미 꽃잎 추출물을 잘 보존하기 위해 깨끗한 천 위에서 1~2일 동안 말린다.
- 200mL 정도의 용량을 담을 수 있는 깨끗한 병에 잘 말린 장미 꽃잎을 넣는다.
- 장미 꽃잎을 식물성 오일에 완전히 담가준다. 장미 꽃잎을 너무 촘촘하지 않게 해 모든 꽃잎이 오일로 덮이게 한다.
- 병을 닫고 2~3주 동안 햇빛에 노출시킨 채 둔다. 가끔 흔들어주는 것도 좋다.
- 2~3주가 지난 후 추출물을 천이나 커피 필터로 걸러낸다. 오일이 끈적끈적하기 때문에 시간이 꽤 오래 걸릴 수 있다.
- 장미 향을 더 강하게 하고 오일을 잘 보존하기 위해 제라늄 에센셜 오일을 넣어준다.
- 걸러낸 내용물은 병에 담고 뚜껑을 잘 닫은 후 어두운 실온에서 보관한다.

- 민감성 피부라면 카모마일 꽃 또는 데이지를 장미 꽃잎과 함께 섞어준다. 오일이 더 부드러워진다.

색소침착 방지 오일

재료:

- 백합 오일이나 달맞이꽃, 보리지, 장미 나무, 아보카도 오일 1티스푼
- 밀 배아 오일 1티스푼
- 페티그레인 에센셜 오일 10방울(또는 5%)

만드는 법:

- 불투명한 작은 병에 백합 오일과 밀 배아 오일을 섞고 에센셜 오일을 더해준 후 잘 섞이도록 흔들어준다.

안티 셀룰라이트 오일

재료:

- 칼로필 이노필 식물성 오일이나 마카다미아, 참깨, 올리브, 포도 씨 오일 100mL 또는 식물성 오일과 알로에 젤을 반반씩 섞은 혼합물 100mL
- 로즈메리 버베논 에센셜 오일 12방울
- 아틀라스 시더 에센셜 오일 12방울
- 녹색 사이프러스 에센셜 오일 12방울
- 주니퍼 베리 에센셜 오일 12방울
- 레몬 껍질 에센셜 오일 12방울

만드는 법:

- 모든 재료를 병에 넣고 잘 섞어준다.

링클 케어

빨리 만들어 쓰는 안티 링클 크림

재료:

- 수분크림 또는 콜드크림 타입의 유기농 베이스 크림 1회 분량
- 달맞이꽃, 사향 장미, 보리지, 밀 배아 같은 리치한 오일 몇 방울
- 시스투스 에센셜 오일 1방울

만드는 법:

- 얼굴, 목, 네크라인에 바르기 전 손을 움푹하게 해서 모든 재료를 다 섞어준다.
- 아침저녁으로 사용한다.

안티 링클 케어 씨벅턴 열매 오일

재료:

- 장미 나무, 달맞이꽃, 아르간, 아보카도 등 리치한 오일 15mL 또는 1스푼
- 호호바 오일 또는 왁스 15mL
- 씨벅턴 오일 2.5mL 또는 1/2티스푼

- 비타민 E 캡슐 5개 또는 비타민 E가 풍부한 오일
- 시스투스 에센셜 오일 6방울
- 페티그레인 에센셜 오일 6방울
- 로즈우드, 라벤더, 미르라, 벤조인, 일랑일랑, 제라늄 에센셜 오일 중 하나를 선택해서 6방울

만드는 법:

- 병에 오일들을 넣고 섞어준다. 펌프형 용기를 사용하는 것이 좋다.
- 그다음 에센셜 오일을 넣어주고 잘 섞이도록 흔들어준다.
- 사용하기 전 1~2일 동안 그대로 둔다.

클렌징

나이 든 피부를 위한 클렌징 에멀션

재료:

- 알로에 젤 4스푼
- 스위트 아몬드 오일이나 기호에 따라 달맞이꽃, 아르간, 보리지, 호호바, 장미 나무 오일 2스푼
- 로즈 워터 1스푼
- 라벤더 에센셜 오일 5방울
- 페티그레인 에센셜 오일 5방울

만드는 법:

- 볼에 알로에 젤과 로즈 워터를 넣고 거품기로 섞어준다.
- 식물성 오일과 에센셜 오일을 더해준다.
- 펌핑해서 쓸 수 있는 용기에 붓는다.
- 라벤더와 페티그레인 에센셜 오일을 넣으면 실온에서 2~3개월 정도 보관이 가능하다.

스크럽

로즈 스크럽

재료:

- 말린 장미 꽃잎 2티스푼
- 빻은 귀리 4스푼
- 밀크 파우더 또는 코코넛 밀크 파우더 4스푼
- 아몬드 파우더 4스푼
- 스위트 아몬드 같은 식물성 오일
- 로즈우드 또는 라벤더 에센셜 오일 10방울

만드는 법:

- 알갱이로 된 파우더를 만들기 위해 말린 장미 꽃잎과 빻은 귀리를 섞어준다.
- 이 파우더를 500mL 용량의 병에 넣어주고 밀크 파우더와 아몬드 파우더도 넣어준다.

- 향을 위해 로즈우드 또는 라벤더 에센셜 오일을 10여 방울 넣어줘도 좋다.
- 병뚜껑을 닫고 힘차게 흔들어준다.
- 보관하기 위해 병보다 작은 통에 옮겨 붓는다.
- 이 스크럽 파우더는 실온에서 보관한다.

오리엔탈 바디 스크럽

재료:

- 케인슈가 파우더 4스푼
- 해바라기 씨, 홍화 씨, 포도 씨 같은 식물성 오일 2스푼
- 시트러스 에센셜 오일 20여 방울만 사용하거나 스위트 오렌지, 비터 오렌지, 만다린, 베르가모트, 페티그레인 에센셜 오일 등과 섞어준다.

만드는 법:

- 볼에 설탕을 붓고 오일과 섞어 결정체가 있는 꿀 정도의 농도가 되도록 해준다.
- 에센셜 오일을 넣고 다시 섞어준다.
- 밀폐된 용기에 내용물을 넣고 서늘하고 건조한 곳에서 실온 보관한다.

피부를 매끄럽게 해주는 스크럽

재료:

- 플레인 요구르트 1스푼

- 제과용 아몬드 파우더 1스푼
- 액상 꿀 1티스푼

만드는 법:

- 작은 잔에 모든 재료를 섞어준다.

찜질팩

날씬해지는 해조류 찜질팩

재료:

- 모자반, 홍조류, 다시마 등 혼합 해조류 파우더 50g
- 따뜻한 물 100mL
- 녹색 사이프러스, 레바논 삼나무, 제라늄 버번, 레몬 또는 자몽 껍질 에센셜 오일 15~20방울

만드는 법:

- 볼에 해조류 파우더를 붓는다. 미지근한 물을 부어주면서 뻑뻑하지만 쉽게 발리는 농도가 될 때까지 잘 섞어준다.
- 에센셜 오일을 넣고 다시 한 번 섞어준다.

여드름 예방 클레이 찜질팩

재료:

- 그린 또는 화이트 클레이 반죽 1티스푼
- 튜브에 든 알로에 젤 1티스푼

- 티트리, 라벤자라, 월계수, 라반딘 또는 라벤더 에센셜 오일 6방울

만드는 법:

- 작은 잔에 클레이와 알로에 젤을 섞고 에센셜 오일을 넣어준다. 에센셜 오일의 반 또는 전체 양을 천연 항생제인 액상으로 된 자몽 씨 추출물로 대신해도 좋다.
- 프로폴리스 추출물 2~3방울을 넣어주면 더 효과적이다.
- 섞인 내용물을 뚜껑이 있는 작은 병에 넣어 실온에서 1~2주간 보관한다.

마스크

말린 과일 마스크

재료:

- 살구, 무화과, 씨를 제거한 대추, 포도, 크랜베리 등 말린 과일 한 줌
- 따뜻한 물 또는 따뜻한 우유 1잔

만드는 법:

- 따뜻한 물 또는 따뜻한 우유에 말린 과일을 넣어 부드럽게 만든다.
- 말린 과일이 물렁물렁해지면 물기를 제거하고 반죽이 고르게 되도록 믹서에 갈아준다.

셀프 태닝 마스크

재료:

- 달걀노른자 1개
- 요구르트 1스푼
- 당근 오일 1티스푼
- 당근 에센셜 오일 5방울

만드는 법:

- 달걀노른자와 함께 다른 모든 재료를 섞어준다.

알로에 아몬드 젠틀 마스크

재료:

- 알로에 젤 1티스푼
- 아몬드 파우더 1티스푼
- 스위트 아몬드나 올리브, 호호바 오일 1티스푼
- 라벤더 또는 라반딘, 페티그레인, 일랑일랑, 제라늄 등 에센셜 오일 3방울

만드는 법:

- 알로에 젤과 아몬드 파우더를 농도가 짙은 반죽이 되도록 섞어준다.
- 영양을 주기 위해 스위트 아몬드나 올리브, 호호바 오일 1티스푼을 넣어준다.
- 피부를 맑게 해주는 라벤더, 탄력을 주는 페티그레인, 일랑일랑, 제라늄 등 에센셜 오일 3방울을 넣어주면 좋다.

완벽한 얼굴빛을 갖게 해주는 딸기 마스크

재료:

- 큰 딸기 3개

지성 피부를 위한 추가 재료:

- 달걀흰자 1개
- 꿀 1~2티스푼
- 레몬즙 1티스푼
- 천연 요구르트 1스푼
- 화이트 클레이 파우더 1~2티스푼

기미 등 탄력 없는 피부를 위한 추가 재료:

- 달맞이꽃, 장미 나무, 아르간 등 리치한 식물성 오일 1~2티스푼
- 신선한 크림 1~2티스푼

민감성 피부 및 붉은 피부를 위한 추가 재료:

- 핑크 클레이 또는 화이트 클레이 파우더 1~2티스푼

만드는 법:

- 딸기 꼭지를 떼어내고 딸기를 갈아준다.
- 피부 타입에 따라 추가 재료를 넣어준다.

해조류 재생 마스크

재료:

- 모자반, 미역, 다시마, 켈프, 스피룰리나 등 기호에 따라 선택한 해조류 파우더 1스푼
- 일반, 지성 피부라면 알로에 젤 1/2스푼, 건성 피부라면 아르

간, 달맞이꽃, 호호바, 올리브 등 식물성 오일 1/2스푼

- 라벤더, 페티 그레인, 로즈우드, 제라늄, 일랑일랑 등 기호에 따라 선택한 에센셜 오일 2방울

만드는 법:

- 해조류 파우더를 작은 잔에 넣고 걸죽한 반죽이 되도록 약간의 물이나 플로럴 워터를 더해준다.
- 알로에 젤 또는 오일을 넣은 후 에센셜 오일을 더해준다.

비누

세안을 위한 가루비누

재료:

- 아몬드 파우더 4스푼
- 붓꽃 파우더 1스푼

만드는 법:

- 아몬드 파우더를 곱게 갈아준다.
- 붓꽃 파우더를 넣고 잘 섞어준다.
- 뚜껑이 있는 작은 병에 붓고 실온에서 보관한다.
- 잘 마르면 가루가 되도록 갈아준 후 파우더로 만들어서 밀폐된 용기에 보관한다.

헤어 마스크

알로에 라이트 헤어 마스크

재료:

- 유기농 매장에서 판매하는 알로에 젤 1~3스푼
- 포도 씨, 올리브, 참깨, 마카다미아, 피마자 등의 식물성 오일 1~3스푼
- 로즈메리(버베논 또는 시네올) 에센셜 오일 3~9방울

만드는 법:

- 알로에 젤과 자신이 선택한 식물성 오일을 같은 양으로 섞어 준다.
- 머리카락 길이에 따라 마스크팩 양을 정한다.
- 모발을 튼튼하게 해주는 로즈메리 에센셜 오일을 첨가해줘도 좋다.
- 만약 심한 건성 모발이라면 로즈메리 에센셜 오일 대신 샌달 우드, 라벤더 또는 일랑일랑 에센셜 오일을 사용해도 좋다.

참고할 만한 인터넷 사이트

뷰티 · 요리 레시피, 재료와 도구, 적합한 제품을 찾는 데 도움을 줄 인
터넷 사이트를 활용하자.

전문가 집단

- 한국채식연합

  www.vege.or.kr
- 안 브뤼네 Anne Brunner

  blogbio.canalblog.com/tag/anne%20brunner
- 클레아 Cléa

  www.cleacuisine.fr
- 프랑스 길랭 France Guillain

  www.bainsderivatifs.fr
- 옌트슈라 Jentschura, 알카마탱 AlcaMatin

  www.jentschura-france.com
- 로랑스 살로몽 Laurence Salomon

  www.cuisine-originelle.com
- 마리옹 카플랑 Marion Kaplan

  www.marionkaplan.fr

뷰티·요리 레시피 사이트 & 블로그

- 요리: 자연식 유기농 요리 레시피

  cafe.daum.net/GoodCook / storyball.daum.net/story/125 / blog.
  daum.net/bansiblog / blog.naver.com/claywood

- 뷰티: 유기농 화장품 레시피

  www.soapschool.co.kr / www.whatsoap.co.kr / www.saeroqueens.co.kr

- 로푸드: cafe.naver.com/rawfooddiet / cafe.naver.com/rawfoodfarm

재료를 찾을 수 있는 사이트

- 유기농 매장: www.hansalim.or.kr / www.choroc.com / www.icoop.or.kr

- 글루텐 프리 식품: storefarm.naver.com/theoverbakingsisters / dohyeondang.alldaycafe.kr

- 생 꽃가루: www.gayabee.com / beeyellow.blog.me / www.꿀에서.com

- 각종 파우더: www.botoacai.com

- 건과일: storefarm.naver.com/snackboxkorea / www.naturalpremium.co.kr / www.damnyeon.com

- 해조류 분말: www.jangdo21.co.kr / www.chungo21.co.kr / www.waterandoxygen.co.kr

- 약초 판매점: naturalmom.co.kr

- 발아 곡물: www.tkfoods.com / www.rice24.com

- 밀 배아: bakingtalk.co.kr / cow2004.com

- 보리싹 주스, 밀싹 주스: storefarm.naver.com/naturemorning / mr-nature.co.kr / www.hanbang-mall.co.kr

- 생 초콜릿: www.chocolat.co.kr / www.ehomebakery.com

- 마누카 꿀: www.nzshop24.com / www.nicekingdom.com

- 아세로라: naturalmom.co.kr / handsherb.co.kr / www.jyheal.com

- 치커리차: www.vnebomall.com / handsherb.co.kr

- 고지베리: www.bryc.co.kr

- 과라나: www.amazonvital.com

- 클로렐라: yesfood.co.kr

- 카무카무: naturalmom.co.kr

- 마카: andesmaca.net / www.perumaca.co.kr

유기농 에센셜 오일을 찾을 수 있는 사이트

- www.emusekorea.co.kr

- www.whatsoap.co.kr

- www.dammall.co.kr

- www.aromaoz.com

- www.alteyakorea.co.kr

- www.fairetrade.net

- www.orga.co.kr

예쁜 용기와 병을 구매할 수 있는 사이트

유리로 된 용기는 미리 소독해서 관리해주면 재활용할 수 있다. 예쁜 라벨에 제조 날짜도 꼭 써두자.

- www.duduworld.com

- www.kjpt.co.kr

- www.dameun.co.kr

- www.jeilpet.com

- www.glassmarket.co.kr

참고도서

뷰티

Sylvie Hampikian,《나만의 화장품 만들기: 착한 가격의 내추럴 케어Je fabrique mes cosmétiques : soins naturels à petits prix》, Terre Vivante, 2012

Sylvie Hampikian,《나의 투두 리스트 에센셜 오일Ma To Do List huiles essentielles》, Marabout, 2012

Hébert Emilie,《나의 유기농 케어Mes soins bio》, Eyrolles, 2009

Catherine Pez,《얼굴 운동: 자연스럽게 아름다운 얼굴을 간직하는 방법La Gymnastique faciale : la méthode pour garder un beau visage au naturel》, Éditions de l'Homme, 2008

Estelle Guevern, Dominique Eraud,《유기농 화장품: 뷰티의 중심인 자연의 힘Biocosmétiques : La puissance de la nature au cœur de la beauté》, Guy Trédaniel, 2008

Sylvie Hampikian,《유기농 화장품 만들기Créez vos cosmétiques bio》, Terre vivante, 2007

Ève Demange, Anne Ghesquière,《유기농 화장품 사기: 화장품을 잘 고르기 위한 팁Achetons de la cosmétique bio : conseils et adresses pour bien choisir ses produits de beauté》, Minerva, 2007

Clea,《우뭇가사리: 일본 여자가 날씬한 비밀L'Agar-agar : secret minceur des Japonaises》, La Plage, 2007

Nelly Grosjean, 《SOS 아로마 레시피Recettes aromatiques d'urgence》, Éditions 5 mL, 1999

Rodolphe Balz, 《에센셜 오일과 사용법Les Huiles essentielles et comment les utiliser》, Librairie Commerce International, 1986

건강

Laurence Salomon, Lylian Legoff, 《이건 다이어트가 아니야Ceci n'est pas un régime》, Marabout, 2013

Clea, 《말차Matcha》, La Plage, 2013

Jon Kabat-Zinn, 《어디로 가니, 어디 있니Où tu vas, tu es》, J'ai Lu, 2013

France Guillain, 《미얌오프뤼: 미얌족을 위한 가이드Le Miam-Ô-Fruit : le guide du Miammeur》, Le Rocher, 2012

Sylvie Hampikian, 《장미와 로즈힙La rose et le cynorrhodon》, Marabout, 2012

Dr Paul Dupont, 《우리 모두에게 필요한 비타민 DVitamine D on en a tous besoin》, Marabout, 2012

Marion Kaplan, 《새로운 부드빅 크림La Nouvelle Crème Budwig》, Jouvence, 2011

Christophe André, 《매일하는 명상Méditer, jour après jour》, L'Iconoclaste, 2011

Anne Brunner, 《주스 추출기Extracteur de jus》, La Plage, 2011

Sylvie Hampikian, 《강황Le Curcuma》, Marabout, 2011

Sylvie Hampikian, 《알로에 L'aloès》, Marabout, 2011

Imanou Risselard et Pol Charoy, 《우타오, 몸을 위한 생태학Wutao, pratiquer l'écologie corporelle》, Le courrier du livre, 2011

Anne Brunner, 《해조류, 바다의 풍미 요리하기Algues, saveurs marines à

cuisiner》, La Plage, 2010

Clotilde Poivillier,《몸과 정신의 에너지L'énergie Corps-Esprit》, Eyrolles, 2010

Laurence Salomon,《건강을 숨 쉬게 해주는 볼 데르 자키에르Respirez la santé grâce au bol d'Air Jacquier》, Grancher, 2007

Dr Guy Avril,《천연 테라피 백과사전L'Encyclopédie des thérapies naturelles》, Editions Dangles, 2005

건강 요리 레시피 목록

허브티

- 긴장을 풀어주는 허브티
- 복부 팽만을 예방해주는 허브티
- 숙면을 취하는 데 도움이 되는 허브티
- 식욕 억제 허브티
- 안티 셀룰라이트 허브티
- 지방 제거 허브티

주스

- 과라나-아세로라로 만든 나의 it 주스
- 아기 피부 주스
- 안티 링클 주스
- 최고의 활력을 주는 감기 예방 주스
- 토털 디톡스 주스
- 피로 회복 주스

스무디

- 맑은 얼굴빛을 위한 스무디
- 슬리밍 스무디
- 에너지 스무디

- 특별한 아침을 위한 에너지 스무디

다이어트 식단

- 건강한 주말을 위한 유기농 브런치
- 귀리 플레이크 다이어트 아침 식사
- 기가급 항산화 식품 미얌오프뤼
- 맛있고 빨리 준비할 수 있는 베지 트뤼프
- 몸을 알카리화시키는 글루텐 프리 알카마탱
- 바삭바삭한 아몬드-초콜릿 뮈슬리
- 베지 초콜릿-치아 푸딩
- 사과-밤 파운드 케이크
- 소화를 돕는 K-필루스 요구르트와 함께하는 아침 식사
- 운동을 좋아하는 여성을 위한 7가지 열매로 만든 It 뮈즐리
- 유기농 채식 버거
- 유제품이 들어가지 않은 부드빅 크림
- 추운 겨울을 위한 슈퍼 헬시 유기농 런치 박스
- 치아시드-마누카-레몬으로 만드는 아침 식사
- 홈메이드 유기농 소이 요구르트

뷰티 레시피 목록

에멀션
- 빨리 만들어 쓰는 알로에 수분 에멀션

오일
- 로즈 뷰티 오일
- 색소침착 방지 오일
- 안티 셀룰라이트 오일

링클 케어
- 빨리 만들어 쓰는 안티 링클 크림
- 안티 링클 케어 씨벅턴 열매 오일

클렌징
- 나이 든 피부를 위한 클렌징 에멀션

스크럽
- 로즈 스크럽
- 손톱을 위한 뷰티 스크럽
- 오리엔탈 바디 스크럽
- 피부를 매끄럽게 해주는 스크럽

찜질팩

- 날씬해지는 해조류 찜질팩
- 여드름 예방 클레이 찜질팩

마스크

- 말린 과일 마스크
- 민감성 피부를 위한 수분 마스크
- 셀프 태닝 마스크
- 알로에 아몬드 젠틀 마스크
- 완벽한 얼굴빛을 갖게 해주는 딸기 마스크
- 클레이 마스크
- 피부 상처 예방 마스크
- 해조류 재생 마스크
- 허니 마스크

비누

- 세안을 위한 가루비누

헤어 마스크

- 비듬 방지 헤어 마스크
- 알로에 라이트 헤어 마스크

기공氣功

병에 걸리지 않고 건강하게 장수할 수 있도록 하는 양생법이며, 고대
인들이 노동과 질병과 노쇠의 고통에서 벗어나고자 하는 노력에 의해
만들어낸 심신 단련법이다. 신체 단련을 통해 인체 각 기관의 기능을
조절하고 강화하여 체내의 잠재력을 유도하고 개발하여 질병을 예방,
치료하는 것이 목적이다.

마음챙김 명상mindfulness

마음챙김 명상은 동남아시아를 중심으로 한 남방 불교권에서 2천 년
넘게 수행되던 명상법이다. 현대에 들어 세계 여러 나라에서 스트레스
관리나 자기 수양 목적으로 받아들여졌고 인지행동 치료에도 적극적
으로 응용하고 있다. 마음챙김은 생각과 욕구를 멈추고 철저하게 나를
내려놓는 훈련이다. 요컨대 아무것도 개입시키지 않고 오로지 순수하
게 깨어서 의식을 경험하는 것이다. 이와 같은 순수 관찰을 통해 자기
와 세계에 대한 통찰을 목표로 한다.

바흐 플라워테라피Bach flower therapy

인간의 심리적 측면에 중점을 두고, 신체에 발생하는 증세들이 7가지
부정적인 감정 즉 잔임함, 혐오감, 자존심, 자기애, 불안감, 탐욕, 무시
로부터 비롯된다고 생각해 이를 관찰하여 치료하는 방식이다. 사용하

는 약물은 동종요법에서 쓰이는 바이오 에너지를 물에 희석한 플라워 에센스를 사용함으로써 꽃이 가지고 있는 힐링 에너지를 적용한다. 이 치료법으로 불안증, 공포감, 죄책감, 분노 등이 조절되고 안정감을 얻게 되어 정신적인 질병뿐만 아니라 신체적인 병이 회복된다고 믿는다.

볼 데르 자키에르 치료법 Bol d'Air Jacquier®

일반적으로 테레빈유라 불리는 송진유의 부산물인 산소 처리 촉매를 흡입하는 방식이다. 생체 촉매 반응을 하는 산소 처리는 자외선, 햇빛, 엽록소 작용의 영향으로 소나무 숲에서 일어나는 변환과 유사한 테레빈유의 변환을 가져온다. 알파피넨 alpha-pinene 분자가 농축된 이 공기를 흡입하면 신체와 정신 건강에 영향을 미치게 된다.

소프롤로지 Sophrology

요가에서 온 운동으로 이 운동은 의식의 집중을 목적으로 한다. 소프롤로지란 말은 그리스어에서 그 어원이 파생되었으며 조화, 평안, 안정, 영혼, 정신, 의식이란 뜻을 지니고 있다. 자신의 정신과 육체를 지속적이고 자율적으로 움직임으로써 정신의 평안, 안정과 조화를 얻기 위한 운동법이다.

시아추 마사지 SHIATSU

일본에서 유래한 시아추는 엄지손가락과 손바닥으로 몸을 지압하는 방식으로 행해진다. 몸의 기가 잘 순환되도록 일정 부위에 스트레칭과 지압을 해주는 것이다. 시아추는 몸을 이완시키고 심신을 안정시켜주며 질병을 예방한다. 시아추는 혈액순환을 원활하게 해주며 근육조직과 몸의 유연성을 개선시켜주는 데도 효과적이다. 또한 신경계 작용을 촉진하고 조정하기 때문에 신경 안정에 매우 효과적이다.

우타오Wutao

우타오는 여러 방식을 결합한 운동이다. '우'는 자각, '타오'는 길을 의미하는데 '삶의 춤'으로 해석할 수 있다. 우타오를 하고 나면 자신의 호흡과 연결되고 정신과 몸이 깨어난다. 우타오는 에너지를 방출시키고 마음을 다스려서 안정시키며 모든 것을 놓고 현재의 순간에 존재하게 해준다.

탈라소테라피Thalassotherapy

그리스어로 '해양'을 뜻하는 '탈라소Thalassa'에서 유래된 해수 요법. 바닷물, 갯벌의 진흙 등을 사용해 심신을 상쾌하게 한다. 100여 년 전 프랑스에서 관절염과 류머티즘 통증 치료를 목적으로 연구되기 시작했다. 해수, 해조류, 진흙 속 나트륨, 칼륨 등의 성분이 인체 세포액 성분과 비슷해 세포의 신진대사를 촉진하는 것으로 알려져 있다. 피부질환을 완화하고 부종과 비만을 개선하는 효과가 있다.

플라즈마 테라피Plasma therapy

제4의 물질인 플라즈마를 이용한 테라피. 피부재생 효과와 살균 효과, 주름 개선에 도움을 주는 등 다양한 피부미용 효능이 있어 의학, 뷰티 분야에서 활발히 활용되고 있다.

피토테라피Phytotherapy

약용식물요법. 약용식물이란 질병 치료에 이용하는 식물로서 식물성 생약의 원 식물을 말하며 이러한 약용식물 본연의 치유방법을 이용한 요법을 피토테라피라 한다. 약용식물은 식물 중에서 전체 또는 그 일부분이 사람이나 기타 동물에 대해 어느 정도 약효를 지니는 것을 말한다. 약용식물은 세계 각지에서 쓰이고 있으며, 토지에 따라 이용되는 식물의 종류와 이용방법이 다르므로 용법에 유의해야 한다. 현재 약용식물로 이용되는 식물은 수천 종에 이르는데, 우리나라에는 약 700종이 재배되거나 자생하고 있다.

- **개밀**wheatgrass 밀과 유사하지만 밀보다 작게 자라고 이삭도 작게 자라는 볏과 식물
- **개박하**catnip 향기가 강한 풀로 감기에 걸리고 열이 있을 때 차로 끓여 마시거나 향신료로 이용함
- **겔세뮴**gelsemium 황재스민. 진정제로 사용하며 탈진성 독감에 흔히 쓰임
- **고지베리**gojiberry 구기자. 간 기능 보호 작용을 하며 놀라운 항산화 효능이 있음
- **과라나**guarana 카페인 함유량이 많아 각성 효과가 뛰어나고 강장제 등의 원료로 사용됨
- **귀리기울**oat bran 귀리 껍질. 혈액 속의 콜레스테롤을 낮춰 동맥경화와 심장병을 예방함
- **그로그주**grog 럼 베이스 칵테일
- **까마귀쪽나무**litsea 까마귀처럼 검은 열매를 가진 나무라는 뜻으로 열매가 관절질환에 특효가 있음
- **네롤리**neroli 비터 오렌지의 꽃에서 추출한 정유. 우아하고 품격 있는 상큼한 향이 특징
- **눅스 보미카**nux vomica 도토리의 일종인 마전자Poison nut를 원재료로 하는 약품으로 신경이 매우 날카로워져 쉽게 흥분한 경우 사용함
- **덜스**dulse 아이리시 해초라고도 하며 붉은 양상추 모양을 띤 미역의

한 종류

- **라반딘**lavandula hybrida 라벤더와 스파이크 라벤더의 교배종으로 톡 쏘는 향이 강함
- **라벤더**lavender 맵고 화한 향이 나는 허브로 향의 여왕이라 불림
- **라벤자라**ravensara 효능, 성질 등은 라벤더와 흡사하며, 감기나 몸살 시 에센셜 오일로 사용함
- **라술**rasul 스팀과 머드를 활용한 전통 아라비아 바디 트리트먼트
- **라파초**lapacho 붉은 갈색 껍질을 가진 열대 나무로 차를 끓여 건강 음료로 사용함
- **레몬밤**lemon balm 우울증, 신경통, 기억력 저하, 신경통, 발열 등에 효과가 있는 허브로 차와 요리, 미용에 주로 사용함
- **레스큐 레미디**rescue remedy 체리, 자두, 크레마티스, 봉선화, 물푸레 나무, 베를레헴 별꽃을 섞어 만들며 정신적, 신체적 쇼크 같은 위급 상황에서 쓰임
- **렌틸콩**lens culinaris 비타민, 미네랄, 식이섬유가 풍부해 혈관 건강에 효과가 있는 콩과 식물
- **로만 카모마일**roman chamomile 국화과 식물로 요리, 약용, 화장품으로 사용되며 신경 진정, 진통, 알레르기 치료에 효과가 있음
- **로즈메리**rosemary 오래전부터 약으로 많이 이용된 허브로 요리와 차로 이용하며 진정, 소화, 수렴, 항균작용을 함
- **로즈우드**rosewood 장미 향이 나는 나무로 에센셜 오일을 추출할 수 있으며 세포재생에 효과가 있음
- **루바브**rhubarb 신맛이 강한 붉은색 채소로 칼로리가 낮고 비타민과 미네랄이 풍부함
- **루에지눔**luesinum 불면증에 효과가 있는 동종요법 치료제
- **루콜라**rocket 매운맛이 나는 채소로 잎을 샐러드나 수프, 피자, 스테

이크에 얹어 맛을 냄

- **리날룰**linalool 라벤더의 향성분 중 하나로 피부에 알레르기 및 피부 자극을 일으킴
- **마저럼**marjoram 향기가 매우 강해 향료로 쓰이는 여러해살이풀
- **마카**maca 페루의 산삼이라 불리며 미네랄, 사포닌, 셀레늄 등 유익한 성분을 지닌 식물로 신체 활력을 증진시킴
- **마카다미아**macadamia 칼슘, 인, 철, 비타민 B가 많이 들어 있으며 73%가 지방으로 이루어져 있는 견과류
- **마테**mate 잎을 차로 끓여 마시며 다이어트와 식욕억제제로 이용됨
- **만다린**mandarin 귤 종류의 일종
- **메도우 스위트**meadow sweet 향미료로 쓰이는 식물로 수렴기능이 뛰어나며 피부 트러블을 방지해줌
- **멘톨**menthol 박하나 기타 민트류의 기름에서 추출하거나 합성해 얻는 유기 화합물
- **모노이 오일**Monoi oil 티아레 꽃잎을 코코넛 오일에 담궈 만든 고보습 오일
- **모자반**sargassum 대형 조류로 칼슘 등 무기질과 비타민, 아미노산을 풍부하게 함유하고 있으며 지방을 흡수함
- **뮈슬리**Müsli 오트밀 등 요리하지 않은 곡물, 말린 과일, 견과류, 씨앗류 등을 혼합한 시리얼의 일종
- **미르라**myrrh 몰약 나무. 쓴맛이 나며 스파이시한 향이 강해 수지를 채취해 정재유로 사용함
- **미얌오프뤼**Miam-ô-fruit 신선한 5가지 과일과 레몬즙, 오일, 씨 등을 섞어서 만든 다이어트 식단
- **민트**mint 다량의 멘톨을 함유한 강한 향을 가진 식물로 박하나 스피어민트 등이 대표적임

- **바바수**babassu 브라질넛이라 불리는 야자나무로 야자 열매에서 얻은 기름을 주로 씀

- **바질**basil 이탈리아 요리에 빠지지 않는 허브로 비타민 E와 항산화제인 토코페롤을 다량 함유하고 있음

- **버베나**verbena 상쾌한 레몬 향이 있어 허브차나 포푸리의 재료로 선호되는 관목

- **버베논**verbenone 아로마 에센셜 오일의 주요작용 물질로 간과 쓸개를 강화시킴

- **베르가모트**bergamot 생잎을 차로 활용하며 매운 맛과 뜨거운 성질이 있어 감기 치료에 효과적임

- **벤조인**benzoin 바닐라가 조화된 달콤한 향으로 안식향이라고도 부르며 수지를 채취해 정재유로 사용함

- **보리지**borage 꽃, 잎, 열매 모두 사용할 수 있는 허브로 보리지유는 씨앗에서 채유함

- **볼도**boldo 잎은 주로 향신료로 쓰이고 열매는 말려 통후추처럼 사용하는 허브

- **부드빅 크림**Budwig cream 아마 씨 오일과 코티지 치즈를 끓이다가 식초나 레몬즙을 첨가해 먹는 다이어트 식이요법식

- **블랙 커런트**black currant 즙이 많고 신맛이 강한 열매로 잼이나 주스 또는 젤리를 만들어 먹음

- **비트**beet 잎과 원뿌리를 요리해서 먹는 채소

- **빅사 오렐라나**Bixa orellana 립스틱 열매. 씨를 둘러싼 과육으로부터 추출되는 자연 식물 염색제

- **빌베리**bilberry 블루베리와 비슷한 용도로 사용되는 열매

- **사이프러스**cypress 관상용, 목재용으로 많이 쓰이지만 수지를 채취해 사용하기도 함

- **산유**sour milk 젖산균을 증식시켜 신맛을 높인 새콤한 발효유
- **산자나무**sea buckthorn 잎과 열매를 이용하여 차, 음료, 주스, 잼, 주류 등으로 가공해서 사용함
- **샌달우드**Santalumspp 향이 강해 심재와 뿌리에서 추출된 오일이나 잘게 빻은 가루를 일상생활에서 활용함
- **샐비어**salvia 깨꽃. 약용 · 향료용으로 재배하는 허브로 소화를 촉진하고 경련을 가라앉힘
- **서양현호색**fumitory 푸마리아 오피키날리스. 흰색 또는 분홍색을 띠는 관처럼 생긴 꽃이 무리지어 핌
- **세몰리나**semolina 파스타를 만들 때 이용되는 정제한 경질밀 중등품
- **세이버리**savory 박하와 비슷한 향미를 내며 살균작용이 있어 위장질환에 좋음
- **세이탄**seitan 밀가루로 만든 고기
- **세인트존스워트**St. John's wort 우울증, 파킨슨병의 치료 등에 사용되는 허브
- **세피아**sepia 갑오징어 먹물로 만든 동종요법 약물
- **셀러리액**celeriac 셀러리의 변종으로 향이 있어 수프 또는 스튜에 넣어 풍미를 더함
- **소르베**sorbet 셔벗. 과즙에 물, 우유, 크림, 설탕 등을 넣고 아이스크림 모양으로 얼린 빙과
- **쇠뜨기**horsetail 나물로도 먹고 약재로도 쓰이며 주로 신경계, 소화기 질환을 다스림
- **수영**sorrel 시금초. 예로부터 관절염과 위장병에 효능이 있다고 알려진 약초
- **스타아니스**star anise 팔각회향. 매운맛과 쓴맛, 독특한 향으로 요리의 맛을 살리는 향신료

- 스타피사그리아staphysagria 참제비꽃을 원재료로 하는 동종요법 약물
- 스파이크 라벤더lavender-Spike 건조한 나무 향의 언더톤을 띠는 신선한 캠퍼 향의 허브
- 스펠타밀triticum spelta 밀 품종의 일종으로 중부유럽의 산간지대에서 많이 재배되는 밀
- 스피겔리아 안텔미아spigelia anthelmia 스피겔리아 꽃으로부터 추추한 동종요법 약물
- 스피룰리나spirulina 지구상에서 가장 오래된 해조류로 단백질함유량이 매우 높아 다이어트 식품으로 사용함
- 시네올cineol 무색 액체의 천연 유기화합물로 기관지염, 천식, 부비강염 같은 호흡기 질환 치료와 간과 신장의 해독 작용에 사용함
- 시더cedar 개잎갈 나무. 소나뭇과에 속한 상록 침엽 고목을 일컬음
- 시스투스cistus 성서에 등장하는 꽃으로 감염된 상처와 피부 궤양 치료에 사용하거나 향수의 고착제로 사용함
- 시어버터Shea Butter 시어 나무 열매에서 채취한 식물성 유지로 피부 보습제나 연화제로 사용함
- 실리카 젤silica gel 이산화규소. 천연미네랄로 주로 규산염 광물로 존재함
- 씨벅턴SeaBuckthorn 산자나무 열매. 생기를 잃은 피부에 활력을 주는 비타민 나무로도 알려져 있음
- 아가베 시럽Agave Syrup 아가베라는 용설란에서 추출한 시럽으로 당도 대비 칼로리가 낮아 설탕 대용으로 쓰임
- 아니스anise 잎과 종자에서 감미롭고 상쾌한 향이 나며, 보존재 향료로 이용함
- 아르간 오일Argan Oli 아르간 나무의 열매에서 채취한 오일로 민간요법에 뛰어난 약효가 있음

- **아르니카**arnica 국화과 식물로 멍들거나 골절된 곳을 치료하는 데 많이 쓰임
- **아마란스**amaranth 재배하기 쉽고 요리하기 쉬운 글루텐 프리의 슈퍼 곡물
- **아마 씨**Flaxseed 아마의 씨로 리그난과 오메가-3 지방산, 식이섬유 등이 풍부해 식용 및 생약제로 쓰임
- **아보카도**avocado 지방과 단백질의 함량이 높아 부드럽고 고소한 맛이 나는 과일
- **아세로라**Acerola 중남미에서 나는 체리 모양의 붉은 열매로 비타민 C가 많이 들어 있음
- **아스파라거스**asparagas 샐러드에 많이 이용하는 채소로 피로회복과 혈액순환에 좋음
- **아코니툼 나펠루스**aconitum napellus 투구꽃. 위험한 독초로 해열제의 원료로 사용됨
- **아틀라스 시더**Atlas cedar 톡 쏘는 소나무 향이 강한 히말라야 삼목으로 에센셜 오일로 사용함
- **아티초크**artichoke 여러해살이 엉겅퀴류로 소화불량, 위염, 변비, 독소제거, 다이어트에 효과적임
- **안디로바**andiroba 우림지역에서 자라는 나무로 씨에서 채취한 투명한 황유는 진정제, 연화제, 방부제로 쓰임
- **안젤리카**angelica 독약이나 모든 감염성 질병들에 대한 최고의 치유력을 갖는 허브
- **알레포 비누**Aleppo soap 월계수 오일과 올리브 오일로 만든 비누로 건성 피부와 아주 민감한 피부에 좋음
- **알로에베라**aloe barbadensis 고대부터 의약용으로 재배되어온 열대 과육 식물

- **알팔파**alfalfa 비타민 A, E, 미네랄, 단백질을 많이 함유한 알칼리 채소
- **양갈매나무**alder buckthorn 서양 산황나무. 나무 껍질을 빻아서 얻은 성분으로 염모제의 착색제로 쓰이며, 모발에 윤기를 줌
- **양귀비**楊貴妃 호흡기, 소화기 질환을 다스리는 약재로 쓰이는 꽃이나 독성이 강해 마약으로 분류됨
- **에키네시아**echinacea 감기 및 독감, 상처에 좋은 메디컬 허브
- **엘더**Elder 딱총나무꽃으로 초기 감기에 좋고 심신에 편안함을 줘 건강음료로 많이 사용함
- **엡솜솔트**epsom salt 해독 작용이 뛰어난 천연 미네랄 소금으로 식용 및 미용에 사용함
- **연질 치즈**Soft Cheese 수분함량 45~50% 정도의 가장 부드러운 치즈
- **오레가노**oregano 박하향 비슷한 톡 쏘는 듯한 독특한 향이 나며 주로 이탈리아 요리에 사용함
- **오트밀**oatmeal 귀리가루로 죽을 쑤어 소금과 설탕, 우유 등을 넣어 먹는 서양 요리
- **오피움**opium 건조한 양귀비 즙액으로 동종요법 약물
- **와일드 라이스**wild rice 인디언 라이스라고도 불리는 식이섬유가 높은 글루텐 프리의 흑색 작물
- **우뭇가사리**Gelidium amansii 무기질이 매우 풍부하며 칼로리가 거의 없고 중금속과 유해 화학물질을 흡착해 배출 효과가 탁월한 해조류
- **웜우드**wormwood 충기피 식물로 방향성 건위제, 강장제, 해열제, 담즙분비 촉진제 등으로 사용함
- **위치 하젤**witch Hazel 피부 진정과 보습 효과가 뛰어난 치유의 꽃으로 알코올이나 물에 녹여 허브 추출액으로 사용함
- **유지종자**oilseeds 기름을 짤 수 있는 농산물
- **유채유**rapeseed oil 유채 씨에서 추출한 캐놀라 오일Canola Oil로 포화

지방 함유율이 낮고 보습 효과가 높음

- **유칼립투스**eucalyptus globulus 잎에서 좋은 향기가 나기 때문에 향초로 사용되며 건강에도 좋은 효능을 발휘해 약용으로 사용함
- **유칼립투스 라디아타**eucalyptus radiata 유칼립투스보다 신선하고 달콤한 향을 가졌으며 공기정화와 피부 청결에 좋음
- **육두구**nutmeg 나무 열매의 일종으로 후추, 클로브, 시나몬과 더불어 4대 향신료로 불림
- **이그나시아 아마라**ignatia amara 갑작스러운 이별, 사별을 경험하였을 때 슬픔을 이겨낼 수 있게 도와주는 동종요법 약물
- **일랑일랑**ilang-ilang 재스민과 비슷한 향이 나며 꽃을 증류시켜 향수를 만드는 데 사용함
- **잉글리시 라벤더**Lavandula angustifolia 방향성도 우수하고 각종 식용재로도 사용되는 허브로 강력한 살균작용도 있음
- **전유**whole milk 지방분을 빼지 않은 우유
- **정향**clove 달콤하면서도 매콤한 맛이 나 디저트나 음료, 고기요리를 만들 때 사용하고 에센스오일의 주요성분으로도 사용함
- **제라늄**geranium 기름을 추출해 향수, 비누, 연고제, 가루약 등을 만드는 데 쓰임
- **주니퍼베리**juniperberry 노간주나무 열매로 만든 신선하고 달콤한 솔향이 나는 매우 옅은 황색의 오일
- **쥐오줌풀**valerian 길근초. 연한 줄기와 잎은 삶아서 나물로 먹고 뿌리는 약용으로 쓰임
- **치아시드**chia seed 물에 넣으면 불어나 쉽게 포만감을 주는 식재료로 요구르트 토핑이나 시리얼 푸딩 등에 다양하게 활용함
- **치커리**chicory 요리 및 샐러드로 식용하며 뿌리는 차로 제조하여 이용함

- **카모마일**chamomile 사과 향이 나는 허브로 꽃을 따서 말려 차로 마시거나 의학적 용도로 사용함
- **카무카무**camu camu 지구상의 모든 과일 중 천연 비타민 C를 가장 많이 함유한 과일
- **칼로필 이노필**Calophylle inophylle 인도에서 나는 열매로 저온 공법으로 추출한 오일이 상처 치료와 항균작용에 뛰어남
- **칼로필럼**Calophyllum 나무의 열매와 씨앗에서 오일을 추출해 사용함
- **칼륨 카르보니쿰**kalium carbonicum 피곤함을 느낄 때 숙면을 취하기 위해 사용하는 동종요법 약물
- **캐롭**carob 지중해에서 나는 열매로 가루로 만들어 초콜릿 대용으로 사용함
- **커민**cuminum 열매의 독특하고 강한 향, 약한 매운맛과 쓴맛 때문에 천연 향신료로 사용함
- **커피아 크루다**coffea cruda 굽지 않은 커피콩으로 만든 불면증 치료에 효과적인 동종요법 약물
- **케인슈가**cane sugar 비정제 사탕수수당
- **케일**kale 녹황색 채소로 세계보건기구가 최고의 채소라 평가할 만큼 칼로리는 낮지만 영양소가 풍부해 다이어트 식품으로 사용함
- **켈프**kelp 커다란 갈색 바닷말로 무기질이 풍부함
- **콜리플라워**cauliflower 꽃양배추. 비타민이 많이 함유되어 있고 독특한 식감 때문에 샐러드로 이용되는 고급 채소
- **콤부차**kombucha 홍차나 녹차를 발효시킨 차로 해독, 면역력 증강, 신진대사 촉진에 효과적임
- **콩포트**compote 신선한 과일이나 말린 과일을 설탕에 천천히 졸인 요리
- **쿠스쿠스**couscous 세몰리나와 여러 가지 채소와 고기 생선 등을 곁들여 만든 북아프리카 요리

- **퀴노아**quinoa 단백질이 풍부하며, 섬유질과 칼슘, 아연, 철분, 비타민 B, 비타민 E 등의 함유량이 높은 곡물
- **클라리세이지**Clary Sage 꽃에서 채취한 정유는 우울증, 불안, 소화 장애, 피부염, 스트레스 관련 질환 등에 사용함
- **클래머스**klamath 조류로 단백질, 비타민, 미네랄, 탄수화물 등 생물학적 활성 효소를 포함한 슈퍼푸드
- **클로렐라**chlorella 민물에 사는 녹조류로 다량의 엽록소와 섬유소가 들어 있어 녹황색 채소의 훌륭한 대체식품으로 활용함
- **타마리 소스**Tamari Sauce 글루텐 프리의 저염 간장
- **타임**thyme 기본 허브 중 하나로 강한 방향 효과가 있어 약용, 차, 향신료, 요리, 방향제로 사용함
- **타피오카**tapioca 길쭉한 고구마처럼 생긴 식물인 카사바의 뿌리줄기로부터 얻어지는 전분
- **테린**terrine 생선이나 고기 등을 갈아서 틀에 고정시켜 찐 후 차게 식혀 내는 요리
- **템페**tempeh 인도네시아 지역의 전통적인 콩 발효 식품
- **트뤼프**truffe 서양 송로버섯. 세계 3대 진미로 꼽히는 고급 식재료
- **트뤼플**truffle 초코크림을 이용한 프랑스식 케이크
- **티트리**tea tree 오일 형태로 증류하여 사용하며 항균성과 항진균성 등의 효능이 있음
- **파슬리**parsley 생선, 고기, 수프, 소스, 샐러드 등에 넣어 향기로운 맛을 내는 데 사용하는 허브
- **파출리**Patchouli 잎을 채취하여 증류하면 여러 가지 정유를 얻을 수 있으며, 향기가 강해 다른 향료와 섞어서 사용함
- **파테**pate 자투리 고기, 생선 살 등을 갈아서 빠떼라는 밀가루 반죽을 입혀 오븐에 구워낸 정통 프랑스 요리

- 파파인 papain 파파야 열매의 유액에 들어 있는 단백질 분해 효소
- 팔마로사 Palmarosa 벼과 식물로 방부와 세포 자극 효과가 있어 항균, 해열, 소화 촉진, 살균, 세포 성장 등에 좋음
- 패션플라워 passionflower 시계꽃. 비타민 C가 많이 함유되어 있어 꽃, 열매, 잎, 뿌리를 약재로 사용하고 열매를 식용할 수 있음
- 팽데플뢰르 Pain des fleurs 유기농 식물성 마가린과 꿀이나 아몬드 퓌레를 곁들인 바삭한 글루텐프리 빵
- 페티그레인 petitgrain 작은 가지나 잎으로부터 정유를 추출해 피부 관리에 광범위하게 사용함
- 페퍼민트 peppermint 향이 강하고 달콤하며 자극적이지만 상쾌한 향미로 조미료를 만드는 데 널리 쓰임
- 펙틴 pectin 식물의 세포벽과 세포 간 조직에 들어 있는 수용성 탄수화물
- 프레스카 Fresca 멕시코와 중앙아메리카에서 인기 있는 건강 음료
- 플랑 Flan 푸딩과 비슷한 프랑스식 디저트
- 피나무 Amur Linden 여러 쓰임새를 가진 나무로 꽃에 정유와 점액이 있어 진해 거담 완화제로도 쓰임
- 피마자유 castor oil 피마자의 씨에서 추출한 비휘발성 지방
- 피칸 pecan 맛과 조직이 풍부하고 독특한 열매는 모든 채소 작물 가운데 가장 많은 양의 지방을 함유하고 있음
- 피크노제놀 pycnogenol 소나무 껍질에서 추출하며 비타민 C의 20배, 비타민 E의 50배가량 높은 황산화력을 가지고 있음
- 햄프시드 hemp seed 대마 씨앗으로 단백질과 필수 아미노산 및 아르기닌, 오메가 등의 풍부한 영양소를 함유한 슈퍼푸드
- 헤나 Henna 머리 염색이나 일시적 문신에 쓰는 천연염료
- 헬리크리섬 Helichrysum 노란 꽃 부위에서 오일을 채취하며 항균, 항

염, 항박테리아 효과가 있음

- **호호바** jojoba 삭과로 호호바 기름을 만들어 다양한 화장품 원료로 사용함
- **홀 그레인** whole grain 가공하지 않고 사용하는 도정하지 않은 곡식
- **홉** hop 보통 호프라고 부르며 맥주의 원료로 사용
- **회향** fennel 모든 부위에서 향기가 나 맛을 내는 데 쓰며, 어린 가지는 데쳐서 먹고 씨는 구식 구풍제로 씀

프랑스 여자의 아침식사는 특별하다

초판 1쇄 발행 2017년 2월 27일
개정판 1쇄 발행 2021년 11월 20일

지은이 안느 게스키에르·마리 드 푸코
옮긴이 이하임
펴낸이 이범상

펴낸곳 (주)비전비엔피 · 이덴슬리벨
기획 편집 이경원 차재호 김승희 김연희 고연경 박성아 최유진 황서연 김태은 박승연
디자인 최원영 이상재 한우리
마케팅 이성호 최은석 전상미 백지혜
전자책 김성화 김희정 이병준
관리 이다정

주소 우)04034 서울특별시 마포구 잔다리로7길 12 1F
전화 02)338-2411 | **팩스** 02)338-2413
홈페이지 www.visionbp.co.kr
이메일 visioncorea@naver.com
원고투고 editor@visionbp.co.kr
인스타그램 www.instagram.com/visioncorea
포스트 post.naver.com/visioncorea

등록번호 제2009-000096호

ISBN 979-11-91937-01-5 13590

도서에 대한 소식과 콘텐츠를
받아보고 싶으신가요?